U0210505

# 图解 育儿宝典

## 婴儿篇（1个月~1岁）

主编 王华英 徐 萍 姚依坤

中国健康传媒集团
中国医药科技出版社

## 内 容 提 要

本书用图文并茂的方式详尽记录了1个月到1岁婴儿的养育指南，根据婴儿生长发育较快的特点，本书采取了月月跟进的写法记录了婴儿每月不同的身心发育特点，从婴儿的日常护理、营养饮食、身心健康，到婴儿的早期教育等诸多方面，给予新手父母以全面、科学的优育指导。本书图文并茂、清晰易懂、方法实用，是一本真正适合中国家庭的专业育儿指南。

**图书在版编目（CIP）数据**

图解育儿宝典.婴儿篇 / 王华英，徐萍，姚依坤主编.—北京：中国医药科技出版社，2019.3
（育儿宝典丛书）
ISBN 978-7-5214-0669-6

Ⅰ.①图⋯　Ⅱ.①王⋯②徐⋯③姚⋯　Ⅲ.①婴幼儿—哺育—图解　Ⅳ.①TS976.31-64

中国版本图书馆CIP数据核字（2019）第028762号

**美术编辑**　陈君杞
**版式设计**　南博文化

出版　**中国健康传媒集团**｜中国医药科技出版社
地址　北京市海淀区文慧园北路甲22号
邮编　100082
电话　发行：010-62227427　　邮购：010-62236938
网址　www.cmstp.com
规格　880×1230mm $^1/_{32}$
印张　11 $^1/_2$
字数　214千字
版次　2019年3月第1版
印次　2019年3月第1次印刷
印刷　北京盛通印刷股份有限公司
经销　全国各地新华书店
书号　ISBN 978-7-5214-0669-6
定价　**39.00元**

**版权所有　盗版必究**
举报电话：010-62228771
本社图书如存在印装质量问题请与本社联系调换

# 编委会

主　编：王华英　徐　萍　姚依坤

副主编：贾　晨　杨　华　武晓彦　马伶伶

编　委：郭文娟　杨　帆　李文思　张凡杰

　　　　杨慧珍　周雨晴　卢奕存

前言

  翻开这本书的你，可能正沉浸在宝宝出生的喜悦中，每每看到他睡梦中不时微笑的小嘴、紧闭的眼睛，摸摸他柔软的小脸蛋，再摸摸他的小手、小脚，心中感叹，这就是我的孩子，是上天赐予我的礼物，我要用我的全部来爱他……看着窗外的阳光，看着梦中的宝宝，心中荡起无限的柔情蜜意。但与此同时，各种育儿问题也接踵而来，他哭了起来，你是否手足无措，宝宝是热了还是饿了？又不知道他怎样才算吃饱了？宝宝发烧了，吃退烧药还是物理降温？又要上班又要照顾宝宝，如何才能能量满满？有很多问题都是需要开始慢慢地去学习。

  本书是作者积累了多年的临床经验，用图文并茂的方式详尽阐述了1个月到1岁婴儿的养育指南，包括婴儿的生长发育、疾病的治疗和护理、营养需求与喂养方法、日常保健护理、早教开发等方面的内容，是新手父母们所不了解的、迫切想要知道的知识，以及很容易犯的错误和很容易忽略的问题。本书图文并茂、清晰易懂、方法实用，是一本真正适合中国家庭的专业育儿指南。由于编者水平有限，书中不妥之处恳请读者批评指正。

# 总 论

# 1 个 月

3

# 2 个 月

# 3 个 月

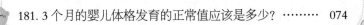

# 4 个 月

# 5 个 月

# 8 个 月

# 9 个 月

## 10 个 月

# 11 个 月

# 总 论

## 1. 婴儿体格发育的规律是什么？

婴儿生长的特别快，尤其是出生后前3个月，每月增长0.9千克，4～6个月平均每月增长0.45～0.75千克，半岁体重大约是出生时体重的1倍。足月新生儿生长平均50厘米（46～53厘米）；生后第一年内生长最快，约增加25厘米；前3个月增长增加11～12厘米。

## 2. 婴儿期体检都检查哪些内容？

一般婴儿从出生42天开始去医院检查，医生常用的形态指标有体重、身高（长）、坐高、头围、胸围、上臂围、大腿围、小腿围、皮下脂肪等。

## 3. 什么是生长曲线图？

生长曲线是评价儿童体格发育的一种方法，是将儿童的生长数据以指标为纵坐标，以年龄为横坐标绘制成生长曲线图，评价结果易于解释，父母很容易理解。

## 4. 如何给婴儿测量体重？

婴儿用磅秤称量体重，最好在婴儿排空大小便之后测量，然后脱鞋、袜、帽子和衣服、仅穿婴儿纸尿裤。婴儿卧于秤盘中（可在秤上放固定重量的垫巾），读取数据，减去纸尿裤重量，现在市面上常用的纸尿裤有很多，如帮宝适，好奇等品牌，大约重量为50g。

## 5. 如何给婴儿测量身长？

在医院有专用的测量床，护士为婴儿脱去鞋袜，仰卧于床底板中线上，固定婴儿头部使其接触头板，婴儿面部朝上，两耳在一水平处，左手握住两膝，使两下肢接触紧贴底板，右手移动足板，接触两足足跟，读取数据。父母在家中自行给婴儿测量身长可以选用不受热胀冷缩影响的木尺或布尺进行测量。

## 6. 如何给婴儿测量头围？

婴儿取立位，坐位或卧位，护士用左手拇指将软尺零点固定于头部右侧齐眉弓上缘处，软尺从头部右侧经过枕骨粗隆最高处而回至零点，读取数字。

## 7. 囟门闭合过早或闭合过晚有什么病理意义吗？

囟门早闭见于头小畸形，囟门晚闭见于脑积水、佝偻病、呆小病等及生长过速的婴儿。

## 8. 如何检查婴儿的骨骼发育情况?

通常最简单的方法就是摄取腕部骨骼的X线照片而研究其发育程度。

## 9. 婴儿的智能发育包括哪些内容?

婴儿智能发育主要表现在感知、运动、语言及情绪、社会行为等各方面。

## 10. 影响身高的因素有哪些?

影响身高的内外因素有很多,如疾病,营养和生活环境,遗传,体力劳动和精神活动,各种内分泌激素以及骨,软骨发育异常等。身高方面个体差异比体重要大。

## 11. 婴儿头部发育的规律是什么?

婴儿头部发育最快的是前半年。正常新生儿的头围平均是34厘米,在最初半年内增加约9厘米。矢状缝及其他骨缝大都在6个月时骨化。前囟的斜径,在出生时约2.5厘米,至12～18个月时闭合。后囟在出生时或闭或微开,最晚于2～4个月时闭合。囟门早闭见于头小畸形,囟门晚闭见于脑积水,佝偻病,呆小病。

## 12. 如何早期识别婴儿发育异常?

发育异常的儿童从新生儿期到婴儿期,都可以出现相应的表现,当婴幼儿出现以下表现时家长应高度重视及早就医。1~2个月:过度的头后仰;无视觉追踪现象;对声音无惊吓反应。3个月:目光不能追随人和物。4个月:俯卧或竖抱时头不能抬起。6~7个月:直立位时双足着地,两腿挺直或双足交叉。

## 13. 每个月龄段的孩子睡眠时间是多长?

睡眠状态是大脑皮层的一个弥漫性抑制过程,它可以使皮层得到休息而恢复其功能。睡眠时间的长短因年龄而不同。一昼夜所需的睡眠时间,在新生儿期为18~20小时,2~3个月为16~18个小时,5~9个月为15~16个小时。

## 14. 婴儿的气质分为哪几种类型?

气质是与遗传有关的个体对环境应答的行为倾向。曾有人提出气质是个人性格的核心。经调查婴儿的行为特点,按母亲们的感受把它分为易弄,难弄及热身慢3类。以饮食,睡眠,便尿有规律,对新事物接近而不退缩,能适应环境变化,心情愉快,反应适度,能集中注意,活动度应答阈,能分心度适当者为易弄型。反之者为难弄。一般母亲喜欢易弄婴儿。对难弄者则需要调整自己的情绪与行为以求达到相互和谐，否则育儿能力降低。

## 15. 婴儿体质健康状况对发育的影响有哪些？

早产儿特别是极低出生体重儿应答能力低，且常在出生后即抱离母亲，使她难于发生联结感情。其他问题如先天畸形（唇裂或腭裂等），可因喂养或护理困难，生长迟缓或缺少应答能力，也可能降低母亲育儿的动力和能力。

## 16. 婴儿运动及社会行为发育的一般规律是什么？

婴儿心理社会发育既是连续的过程也呈阶段性。不同月龄能力区的发育有不同的侧重。例如新生儿期以哭笑，注视母亲吸引母亲爱抚的社会行为为主；1～8个月主要是平衡，捏弄等简单运动和依恋感情的初步建立。

## 17. 科学添加辅食的原则是什么？

①由一种到多种：先试喂一种新食物，观察3～7天，适应后再试喂另一种食物，必须一种一种试喂，每种新食物一般需经7～10天才能适应。增加新的食物应在儿童健康时进行，一天不能添加两种以上未接触过的食物。②从少量到适量：添加新食物时，应从少量开始逐渐增量，使婴儿逐渐适应。③从细到粗：如喂蔬菜等食物时，可先从细菜泥、粗

菜泥、到煮烂的菜沫、碎菜。④少盐不甜：不吃油炸食物。
⑤应少量多餐：每餐不能喂太多，应使用汤匙和碗喂辅食。

## 18. 儿童保健工作的任务是什么?

①保障儿童生存；②保护儿童健康；③促进儿童心理行
为健康发展。

## 19. 我国儿童死亡排名前五位的疾病是什么?

5岁以下儿童死亡的前4位死因为新生儿疾病、呼吸系统
疾病、意外事故及先天畸形；前4位疾病是肺炎、新生儿窒
息、早产、腹泻。

## 20. 婴儿期的保健包括哪些内容?

0~6岁儿童保健按照北京市要求实行4、2、1体检保健
工作，即1岁以内儿童3个月、5个月、8个月、12个月各体
检一次。1~3岁儿童每半年一次，3~6岁儿童每年体检一次。

## 21. 婴儿期儿童保健应注意哪些问题?

当与婴儿说话时，要看着婴儿的眼睛。父母或其他成员
要温柔地对婴儿说话，逗她微笑和发音；经常抱婴儿晒太阳；
婴儿开始依恋父母，在此阶段，父母应及时了解并满足婴儿

的需要。经常搂抱他，叫他的名字，和他说话，使他感到快乐和安全；将婴儿放在安全的场地让他自由活动，练习俯卧抬头、抬胸、翻身、坐和抓握玩具等动作；多与婴儿一起玩，并带他多接触周围的人和自然环境；不理婴儿或粗暴地对待婴儿，会减少他对周围看护人的信任感，变得胆小，不合群；把不同形状、不同颜色的物体悬挂在婴儿附近，让他练习够、抓、握和踢着玩，使其通过观察和探索认识周围的天地；父母或看护人应对婴儿多说话，说出婴儿能看到的物体的名字。当婴儿发音时，父母可模仿他发出逗引他与人交流的声音，这可促进婴儿语言及沟通能力；当婴儿不高兴而哭闹时，父母或看护人应及时转移其注意力，把婴儿从不良情绪中引开，不要吓唬婴儿，以免使他产生不安全的感觉。

## 22. 我国现行的儿童免疫规定是什么？

《中华人民共和国传染病防治法》规定：国家对儿童实行预防接种证制度。儿童出生1月内，监护人应当到儿童居住地承担接种工作的单位办理预防接种证，如实提供受种者健康状况和接种禁忌等情况，并配合接种单位，保证儿童及时完成接种。

## 23. 疫苗的基本知识有哪些？

婴儿一出生就可能被各种疾病感染，但是只要按时接种疫苗就可以预防相应的疾病。疫苗分为第一类疫苗和第二类疫苗。第一类疫苗，指政府免费向公民提供，公民应当依照政府规定受种的疫苗。北京市已纳入第一类疫苗的有：卡介苗、脊髓灰质炎减毒活疫苗、无细胞百白破疫苗、吸附白喉破伤风联合移交、麻疹风疹联合疫苗、麻腮风减毒活疫苗、重组乙型肝炎疫苗、乙型脑炎减毒活疫苗、A群脑膜炎球菌多糖疫苗、A＋C群脑膜炎球菌多糖疫苗、1.5岁甲型肝炎疫苗。第二类疫苗：指由公民自费并且自愿受种的其他疫苗。包括肺炎疫苗、水痘疫苗、B型流感嗜血杆菌结合疫苗、流感疫苗、轮状病毒疫苗、可唯适感染腹泻疫苗等。

## 24. 培养儿童情绪发展及情商的重要性是什么？

良好的情绪是心理健康的标志，对儿童生长发育起重要的促进作用。帮助孩子认识情绪及调节情绪是情商培养的重要内容。情绪发展与其他能力的发育是相互影响的 。儿童情绪的发展极大地影响着儿童人格和认知能力的发展。良好的情绪不但可以促进婴幼儿意识的产生及个性的形成，还能够引起儿童的注意和兴趣，从而进一步提高对该食物的认知水平。

## 25. 怎样培养孩子的社会交往能力？

儿童在成长过程中，社会化是十分重要的一环。孩子的社会交往能力不是与生俱来，也不是通过灌输而来，而是需要在不断的交往中体会和总结。家长要了解孩子发展的自然规律，保持平常心，用宽容的态度来看待孩子在社会交往方面的表现，不用成人的标准来要求孩子。要相信榜样的力量。

多为孩子提供社会交往的机会，平时多带孩子参加社会性的活动，尽可能创造良性的交往经验。

### 26. 为婴幼儿检查视力的重要性是什么?

在婴儿和学龄前儿童中，有视力问题的占5% ～ 10%。儿童不会表达，因此大部分儿童眼病只有依赖一些特殊的仪器检查才能发现。2岁以内的孩子不会指认视力表，医院会通过各种先进仪器设备进行视力筛查。婴儿从出生到42天进行眼病筛查，以后每半年筛查一次视力。

### 27. 如何建立良好的喂养习惯?

坚持母乳喂养。注意喂养姿势，最好抱着喂，左右轮换喂，以免影响婴儿颌面部的发育；奶瓶喂养时，注意奶瓶倾斜角度。过低易压迫下颌，影响下颌骨正常发育，过高则容易导致习惯性下颌前伸，形成反合。不要让婴儿养成含奶嘴或安慰奶嘴入睡的习惯；奶瓶中避免饮用含糖饮料或奶粉加糖；一岁以后停止用奶瓶喂养；限制甜食和进食量和次数；避免睡前进食。

### 28. 如何建立早期口腔卫生习惯?

婴幼儿每日至少要清洁一次口腔；乳牙萌出前用纱布或棉签清洁口腔；乳牙萌出后用纱布或指套刷帮婴儿刷牙。

# 1 个 月

### 29. 1个月时婴儿的正常体格标准是什么?

男婴体重: 3.72 ～ 4.72千克, 女婴体重: 3.72 ～ 4.2千克; 男婴身长: 52.2 ～ 56.6厘米, 女婴身长: 51.5 ～ 56.1厘米; 男婴头围: 35.7 ～ 37.9厘米, 女婴头围: 34.9 ～ 37.3厘米。

### 30. 1个月时婴儿运动能力有什么发展?

新生儿在出生后第一周和第二周会有手脚颤抖的现象, 哭闹时下巴也会颤动, 这些颤动在1个月时会逐渐消失。1个月婴儿的上下肢运动会更顺畅, 让他趴着的时候, 下肢还会做爬行动作。在出生第一个月内, 1个月婴儿的手大部分时间都是紧握着的, 不能做手指运动, 只能屈伸手臂上下活动。

### 31. 1个月的婴儿视觉能力有什么发展?

婴儿1个月时能看到眼前20 ～ 30厘米处的物体, 还会随着物体的运动转头, 喜欢看黑白色图案, 喜欢看人的面孔, 尤其是母亲的脸, 当注视母亲的脸时, 婴儿会变得兴奋, 甚至手舞足蹈。

### 32. 1个月婴儿会有什么听觉能力?

婴儿1个月时, 听力发育完全成熟, 他会追随声音转头活动，听到熟悉的声音和语言会表现出兴奋、喜悦。同时对噪音很敏感，听到噪音会哭闹。

### 33. 1个月的婴儿嗅觉能力有什么发展？

1个月的婴儿能辨认母亲乳汁的气味，对刺激性气味表示厌恶。

### 34. 1个月婴儿触觉能力有什么发展？

1个月婴儿口唇周围触觉最灵敏。喜欢柔软的衣服和被子，轻柔的抚摸和拥抱使婴儿感到舒适和安全，不喜欢被粗鲁地摸、抱。

### 35. 1个月婴儿味觉能力有什么发展？

1个月婴儿知道酸、甜、苦、咸等味道，尝到酸、苦等味道有不愉快的表情。他们天生喜欢甜味。

### 36. 1个月婴儿体重能增加多少？

一般情况下，每个新生儿在出生后2～3天内，都会出现体重下降的情况，这叫做生理性体重下降，生理性体重下降一般在出生后3～4天最明显，但下降程度最多不超过出生体重的10%，一个星期后，随着母亲奶量的增加，新生儿体重会逐渐增加，到满月时，新生儿体重能增加1500克左右。

## 37. 1个月的婴儿外貌较出生时有什么变化?

孩子主要是遗传父母的基因，尤其是显性基因；1个月时，婴儿皮肤变得光亮、细腻白嫩，弹性也好；皮下脂肪增厚；头发出生时不管是浓密的还是十分稀少，都在根据自身的遗传和后天营养在不断改变；头型变得滚圆，不再是出生时难看的尖脑袋；黑眼球很大，眼睛变得很有神，会用惊异的眼神望着不认识的人。

## 38. 什么是纯母乳喂养?

纯母乳喂养是指母亲喂哺自己的婴儿，6个月内不添加任何食品和饮料、水（药物、维生素、矿物质除外），对于母亲挤出的奶不能用奶瓶喂养，可用小杯子喂哺。

## 39. 母乳喂养的好处有哪些?

母乳是婴儿最适宜的营养品：它含有适当的蛋白质、碳水化合物（糖类）、矿物质（无机盐类）及各种维生素以供养生长发育中的婴儿。请不要为自己的乳汁是灰色、像水一样而感到泄气，或担心乳汁可能不够好，实际上，你的乳汁是富含婴儿发育所必需的各种婴儿需要的营养成分。母乳中（特别是初乳）含有大量抵抗病毒和细菌感染的免疫物质，可以增强婴儿抵抗疾病的能力。母乳喂养的孩子一般来说抗病能力强，很少得病，这是其他任何替代乳品都无法实现的。母乳含有促进大脑迅速发育的优质蛋白、必需的脂肪酸和乳酸，另外，在脑组织发育中起重要作用的牛磺酸含量也较高，因此，母乳是婴儿大脑快速发展的物质保证。

## 40. 母乳、动物乳汁、配方奶都有哪些区别？

母乳、动物乳汁、配方奶的比较

| | 母乳 | 动物乳汁 | 配方奶 |
| --- | --- | --- | --- |
| 细菌污染 | 无 | 可能 | 配置时可能 |
| 抗感染因子 | 有 | 无 | 无 |
| 生长因子 | 有 | 无 | 无 |
| 蛋白 | 适量，易消化 | 太多，难消化 | 部分适量 |
| 脂肪 | 足够的必需脂肪酸，含脂肪酶，易消化 | 缺乏必需脂肪酸，无脂肪酶 | 缺乏必需脂肪酸，无脂肪酶 |
| 铁 | 少量，易吸收 | 少量，不能很好吸收 | 少量，不能很好吸收 |
| 维生素 | 足够 | 维生素A/C不足 | 添加了维生素 |
| 水分 | 足够 | 需补充 | 需补充 |

## 41. 纯母乳喂养的重要性是什么？

纯母乳喂养可增加母婴之间的感情，预防乳胀，减少因添加任何食品引起的乳头错觉、小儿过敏反应，避免因添加食品减少婴儿吸吮次数而引起的乳汁分泌不足。增加婴儿的免疫力，预防感染。

## 42. 正确哺乳的要领是什么？

哺乳前，母亲要先做好准备，洗手，温开水清洗乳头；哺乳时母亲保持舒适的体位：哺乳时母亲可采取任何自己感觉舒服的体位，体位舒适，身体放松，有利于乳汁排出。无论采取什么体位，哺乳时母亲和婴儿的身体都应该紧贴，婴儿的嘴巴放于乳头相水平的位置；采取正确的手姿势：母亲把拇指放在乳房上方，其余四指放在乳房下方，托起整个乳房喂哺。除非奶流量过急，婴儿呛奶时，要用剪刀手势托夹乳房；防止婴儿鼻子受压：在喂哺婴儿的全过程中，应当保持婴儿头部和颈部略微伸张，头略向后仰，以免婴儿鼻部压入乳房而影响呼吸。同时要注意婴儿头部和颈部不能过分伸展，以免造成吞咽困难；喂奶完毕后，应抱起婴儿，轻拍后背部，促使婴儿排出吞咽下的空气，避免发生腹胀或吐奶，将婴儿侧卧位放在床上休息，以防止发生溢奶和误吸。

## 43. 如何判断婴儿吃饱了？

婴儿是否吃饱无法用语言和母亲沟通，母亲可以通过认真细致的观察来判断婴儿是否吃饱了。哺乳前母亲乳房胀满感，哺乳后乳房柔软胀满感减轻；喂奶时可以听到吞咽声音；母亲有下奶的感觉；每24小时小便有6次或6次以上，颜色为淡黄色或无色；婴儿大便质软，呈金黄色、糊状，每天2～4次；在哺乳后婴儿很满足、很安静；婴儿体重平均每天可以增加30 ～ 40克。

## 44. 如何判断母乳不足？

判断母乳不足的指标为：一是婴儿尿少且浓，每天少于6次。二是婴儿体重增长不良。如果确实是母乳不足，则需要适当添加配方奶粉作为补充。

## 45. 双胞胎的婴儿应如何母乳喂养？

母亲会发现两个婴儿吃奶时会表现截然不同的个性。有个婴儿个头大些，也许有个婴儿吃奶更多。所以母亲应尽快熟悉他们不同的个性，有针对性地喂奶，当等到两个婴儿都能熟练衔乳吸吮了，母亲可以两侧乳房同时哺喂两个婴儿，既能大大提高催乳素水平，又能节省时间。让母亲得到更多的休息。

## 46. 双胞胎宝宝母亲可以采用哪几种喂奶姿势？

双橄榄球式抱法；双摇篮式抱法；摇篮式与橄榄式混合抱法；平躺抱法。

## 47. 婴儿唇裂应当如何母乳喂养？

唇裂通常可以在婴儿很小—只有几周大的时候进行修复。

上嘴唇的开裂使得宝宝很难紧密地衔住乳房进行有效的吸吮，但是，他仍然可以通过舌头和牙龈挤压乳房吃到奶，稍微帮他一下，婴儿就能有效地吃到奶了。母亲柔软的乳房组织可以塞住裂缝，母亲也可以用拇指堵住裂缝。在婴儿出生后最初的几小时和几天里，在婴儿"出奶"、乳房变硬之前，可以多加练习，帮助婴儿正确吃奶。

### 48. 婴儿腭裂应当如何母乳喂养?

腭裂会让母亲喂养更加困难，难度取决于上颚开裂的位置及缝隙大小。如果只是口腔后部的软腭上有小裂口，婴儿克服困难，还是可以在乳房上吃奶的。裂口很大的婴儿，在进行手术修复之前，可以通过特殊喂奶器具吃母乳。

### 49. 什么是混合喂养?

各种原因引起母乳不足或乳母因故不能按时给婴儿哺乳时，只能采用牛、羊奶等乳制品或代乳品代替部分母乳，这种喂养方式称混合喂养。

### 50. 混合喂养的方法是什么?

混合喂养有两种方法：补授法，母乳喂养次数一般不变，每次先哺母乳，将两侧乳房吸空后再以配方奶补足母乳不足部分。补授的乳量由小儿食欲及母乳量多少而定，即"缺多少补多少"。补授法的优点是保证了吸吮对乳房足够的刺激，有的母乳分泌最终可能会因吸吮刺激而逐渐增加，又重新回归到纯母乳喂养。建议 6 个月以下的婴儿采用；代授法，在某次母乳喂养时，有意减少母乳量，增加配方奶量，逐渐替代此次母乳量，依次类推直到完全替代所有的母乳。

## 51. 混合喂养有哪些注意事项？

混合喂养时，坚持母乳优先的原则，要先吃母乳，坚持按时母乳喂养，每天不少于 3 次，哺乳时间为 5 分钟，每次要吸空两侧乳房，再增加配方奶粉补充，这样可以保持母乳分泌。缺点是：因母乳量少，婴儿吸吮时间长，易疲劳，可能没吃饱就睡着了，或者总是不停地哭闹，这样奶量就不易掌握了。混合喂养应注意不要使用橡皮奶头、奶瓶喂婴儿，应使用小勺、小杯或滴管喂，以免造成乳头错觉。夜间母亲休息，乳汁分泌量相对增加，婴儿需要量又相对减少，要尽量母乳喂养。

## 52. 什么是人工喂养？

人工喂养是当母亲因各种原因不能喂哺婴儿时，可选用牛、羊乳等兽乳，或其他代乳品喂养婴儿，这些统称为人工喂养。人工喂养需要适量而定，否则不利于婴儿发育。

## 53. 人工喂养的缺点有哪些?

人工喂养易受细菌污染,通常使用的奶瓶、奶头易遭外界污染,容易引起小儿肠道感染;营养素不全面、不均衡,母乳中有些特别的营养是奶粉中没有的。牛乳奶粉中钙、磷含量过高且比例不当,婴儿摄入过量钙、磷会加重肾排泄负荷,钙磷比例不当又影响钙的吸收和利用,使婴儿更易患佝偻病;缺乏维生素:牛乳及配方奶中维生素含量不足;牛奶及配方奶中的铁不易被婴儿吸收、人工喂养的宝宝易发生缺铁性贫血;盐分过多,牛奶中含钠过多,有时可致婴儿高钠血症和痉挛;钙、磷过多,可导致婴儿手足抽搐;不适当的脂肪,牛奶中缺少婴儿生长发育所需要的脂肪、也缺少婴儿大脑必须的胆固醇;牛乳奶粉缺乏多种免疫物质,使婴儿不能获得免疫力,使小儿肠道、呼吸道等感染性疾病发病增高;喂牛乳奶粉易发生过敏,牛奶中的 β-乳清蛋白有致敏的危险,牛奶喂养的婴儿容易发生过敏,如哮喘、湿疹等;消化不良,牛奶中含酪蛋白多、乳凝块大、难被婴儿消化,婴儿易产生便秘;费用较贵:一个婴儿头 6 个月内共需奶粉 13.5 公斤。一些贫困地区用牛奶喂养、加上奶瓶、奶嘴和消毒费用,可耗去家庭收入的 25% ~ 50%。

## 54. 如何给婴儿选择配方奶?

目前市场上销售的配方奶主要分为 4 类:①大多数为牛

奶配方奶，用于因各种母亲方面的原因不能进行母乳喂养的孩子；②不含乳糖的牛奶配方奶，适合不能耐受乳糖的婴儿食用；③大豆配方奶可用于不能耐受乳糖的婴儿、对牛奶过敏的婴儿、母乳缺乏而乳制品不足地区的孩子以及患有半乳糖血症的孩子，但由于大豆配方奶中蛋白的质量及钙和矿物质的吸收率都不如牛奶配方奶，使用时应严格掌握适应证；④特殊配方奶是专用于患有某些疾病的孩子，如苯丙酮尿症，此时应按照专业医生推荐选择适宜的配方奶。

### 55. 人工喂养的量、时间和频率是什么？

1个月左右的婴儿，每次喂养的量在60～140毫升；每次喂养的时间以15～20分钟为宜。每天喂奶7～8次，可根据每个婴儿的自身情况调整喂奶量。

### 56. 如何正确冲调配方奶？

正确的冲调方法是将定量40℃～60℃的温开水倒入消毒过的奶瓶内，再加入适当比例的奶粉。最好现配现吃，以避免污染。具体步骤如下：将自来水煮沸1～2分钟，不要太长，因为煮沸时间超过5分钟，可能使水中的铅和硝酸盐浓缩。然后晾凉至适当的温度（40℃～60℃），将水滴至你的手腕内侧，感觉与体温差不多即可。根据要泡的奶量，取准备好的40℃～60℃的热水2/3量倒入奶瓶中；用配方奶粉加带的刻度勺取精确分量的配方奶粉，勺里奶粉表面与勺齐平。

把适量奶粉加入奶瓶中晃动，让配方奶粉充分溶化、不要结块。然后将剩余1/3的热水加入奶瓶中，把奶瓶放平，通过刻度察看是否够量，最后盖上奶瓶盖后再轻轻晃动一次，直至配方奶粉彻底溶化。

### 57. 配方奶喂养婴儿的注意事项是什么？

千万不要在没人照看的情况下，将奶瓶留在婴儿嘴里，以免导致呛奶或窒息。给婴儿喂配方奶，最好要现配奶粉，不要用微波炉加热。但必须要记得，在将奶瓶放入婴儿的口中时，先滴几滴在你的手腕背部试试温度，确保奶温热，但不要太烫。 在喂奶时注意保持奶瓶倾斜，让奶嘴中充满奶，这样婴儿就不会吸到空气了。喂奶时，让婴儿在母亲的怀抱里稍稍倾斜。如果婴儿平躺着，会造成吞咽困难，甚至可能被呛着。 当婴儿吃够了奶以后，母亲要将婴儿竖起，婴儿头靠在母亲肩部，轻轻地拍拍婴儿的背部，帮助婴儿排放在吃奶过程中进入胃里的气体，防止婴儿胀气和溢奶。

### 58. 纯母乳喂养的婴儿需要喂水吗？

纯母乳喂养的婴儿不需要添加水分，母乳里水的成分占87%左右，完全可以满足婴儿的需要，不需要额外添加水分。

## 59. 配方奶喂养的婴儿需要喂水吗?

配方奶中含蛋白质和盐较多,所以用配方奶喂养的婴儿需要多喂一些水,来补充代谢的需要。一般婴幼儿每日每千克体重约需要120～150毫升水,如6.50千克的婴儿,每日需水量是770～975毫升(包括喂奶量在内)。

## 60. 婴儿应该喝什么水?

目前符合饮用水标准的水大致分为自来水、矿泉水、纯净水。矿泉水是指符合自来水标准,水质中的锶、锂、锌、硒、溴、偏硅酸中任何一种超过自来水标准且在可饮用范围。如果长期饮用某种矿泉水可能造成体内某种元素吸收过多而影响健康。纯净水是指经过物理方法除去水中的工业污染物、微生物及杂质,同时也除去可利用的各种常见元素和大部分微量元素后的水。如果长期饮用纯净水可能会干扰机体内环境的稳定。自来水是人类赖以生存的自然水,长期以来人体的结构和内环境的恒定机制与其建立了平衡。因此,自来水更适合长期饮用。

## 61. 婴儿多长时间洗一次澡合适?

婴儿新陈代谢会很快,每天排出的汗液、尿液、粪便、流涎等会刺激皮肤。而婴儿的皮肤非常娇嫩,表皮呈酸性。

如果不注意皮肤清洁，一段时间后，在皮肤褶皱处如耳后、颈部、腋下、腹股沟等处容易形成溃烂甚至感染。臀部包裹着尿布，如果不及时清洗，容易患尿布皮炎。因此，要经常替婴儿洗去乳汁、食物、汗液、尿液及粪便。最好能每天洗澡。如果不能每天洗澡，也应每天洗脸、手及臀部。在冬天每周可以洗澡1～2次。

## 62. 婴儿洗澡时需要准备什么物品？

洗澡时需要准备的物品有：洗澡澡盆、大毛巾、小手绢、浴巾、水温计、婴儿洗发液和沐浴露、消毒肚脐用的75%酒精、棉棒、护臀霜、干净衣物、尿布或纸尿裤。

## 63. 如何为婴儿洗澡？

在洗澡前调节室温在24℃～26℃，妈妈剪短指甲，去除手部和上肢的装饰物，冬天需要捂温双手，并穿上防滑、跟脚的鞋。

（1）调试洗澡水温：澡盆内先放入冷水，再放入热水，用水温计测试水温在38℃～40℃之间，也可用手臂内侧测试水温。

（2）为婴儿脱去衣物（保留尿布），用大毛巾将他裹好，用左前臂托住婴儿背部，左腋夹住婴儿双腿，左手掌托住婴儿颈部，左手拇指与无名指反压住婴儿的耳廓，以防水流入耳内。用小手绢清洗双眼，注意清洗顺序由内眦到外眦。

（3）清洗面部：依次清洗新生儿鼻部、口周、面颊和额头。

（4）清洗头部：左手托住婴儿，右手把洗发液揉搓成泡沫后均匀涂抹在婴儿头发上，用指腹轻轻按摩头皮后用清水彻底清洗干净。

（5）将婴儿抱回放到浴巾上，用干毛巾把头发上的水擦干净，以免婴儿着凉。

（6）清洗躯干和四肢：解开婴儿的尿布，把婴儿轻轻放入澡盆，按照颈部－胸腹部－上肢－腋下－下肢－腹股沟的顺序依次清洗干净，重点清洁颈下、腋下、腹股沟等褶皱部位。

（7）清洗背部和臀部：让婴儿翻身趴在妈妈的手臂上，用清水从上到下的清洗干净。

（8）洗完澡，右手托住婴儿的臀部，左手托住婴儿的颈部及头部，将婴儿轻轻放在干的大毛巾上，蘸干婴儿全身的水渍。

（9）为婴儿全身涂抹润肤露。

（10）用75%酒精擦拭、消毒肚脐。

（11）最后为婴儿穿好尿布及衣物。

## 64. 为婴儿洗澡时需要注意什么？

（1）在为婴儿清洁皮肤时，以免水中含有过多的细菌污染，一定要用冷开水擦眼睛、耳朵和脸。

（2）清洁鼻子或耳朵时，只清洁看得到的地方，不要试着去清洁里面，只用湿纱布去擦表面的黏液或耳垢，如果去清洁耳朵或鼻子的里面，脏东西反而更容易进入，发生感染。

（3）如果眼部眼屎过多，在为婴儿擦洗眼睛时，每次都用一块新的纱布，否则可能会使较轻的眼部感染蔓延开。

（4）女婴的阴唇里会有白色分泌物，绝不要分开阴唇去清洁里面，否则会导致感染的发生。

（5）绝不要把男婴的包皮往上推，去清洁里面，这样很可能会撕伤或损伤包皮。

（6）为女婴清洗尿布区域时，应由前往后清洗，这样可预防肛门的细菌污染阴道而引起感染。

（7）最后一步才是清洗婴儿的屁股。

## 65. 如何为婴儿剪指甲？

很多婴儿在剪指甲时都很不配合，为了防止在剪指甲时伤到婴儿，应使用婴儿专用指甲钳，在婴儿睡觉或吃奶时修剪指甲，并动作轻柔。在剪指甲时可以握住婴

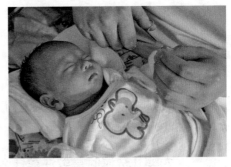

图1-1 剪指甲

儿的手，分开五个手指，握住其中一个手指剪，剪指甲时不要留角，要剪成圆形。剪好一个换另一个，不要同时抓住一排指甲剪，以免婴儿挥动手臂时误伤手指。对于指甲缝中的污垢，最好在修剪指甲后用水清洗，禁止用坚硬的物体挑除。如果在剪指甲的过程中，不小心伤到了婴儿，应立即用纱布

止血后，涂抹消毒药水，防止发生感染。（见图1-1）

### 66. 1个月婴儿湿疹长什么样子？

婴儿过敏大多以皮肤症状——湿疹为主要表现。湿疹大多数发生在出生后1～3个月，皮疹的好发部位为：头面部，如脸、脑门、头皮、眼眉等处，严重时蔓延至下巴、脖子、肩、背、臀、四肢等处。如果婴儿出现以下几种症状时要怀疑是过敏：

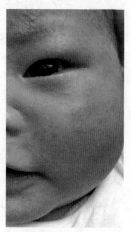

图1-2　1个月婴儿湿疹

（1）皮肤症状：湿疹（俗称奶癣）、荨麻疹、唇周水肿等。

（2）胃肠道症状：持续呕吐、腹泻、血便、便秘、无缘无故拒奶等。

（3）呼吸道症状：气喘、频繁咳嗽、流鼻涕等。

（4）全身症状：烦躁不安、频繁哭闹、生长发育迟缓。当新生儿出现过敏症状时应积极寻找过敏原，回避过敏原刺激，并到医院就诊。（见图1-2）

### 67. 婴儿的耳屎需要清理吗？

母亲常会发现婴儿的耳道里有耳屎，一般婴儿的耳屎呈浅黄色片状，也有些婴儿的耳屎呈油膏状，附着在外耳道壁上，少量耳屎可起保护听力的作用。这些耳屎一般不需要特殊处理，因为耳屎是外耳道皮肤上的耵聍腺产生的一种分泌物，医学上称为耵聍。

###  68. 婴儿房间温度控制在多少度适宜？

婴儿的房间温度和湿度要相对稳定，室温以20℃～24℃、湿度以50%～60%为好。可将温度计和湿度计放在婴儿房间进行监测。任何季节每天都要定时开窗通风换气。房间温度过低时可用电暖气，但要注意保持一定的湿度。夏天温度较高时，可用空调降温，注意空调不要直吹孩子，并根据室内温度给宝宝盖被以防着凉。

### 69. 母乳喂养婴儿和人工喂养婴儿大便的区别是什么？

母乳喂养婴儿大便次数：每天4～6次，甚至达7～8次之多，都属于正常。人工喂养婴儿大便次数：用配方奶喂养的婴儿大便较少，通常会干燥粗糙一些，每天约1～2次。人工喂养婴儿大便颜色一般都为淡黄色或是黄棕色，由于配方奶粉不容易被婴儿完全吸收，故而会有一部分留在体内产生废气，使得婴儿的大便味道比较难闻，但是纯母乳喂养的婴儿少有这个问题，他们的大便较为黏稠，为淡黄色，而且气味也不大。

## 70. 1个月婴儿需要接种什么疫苗？

按照北京市免疫规划疫苗免疫程序，1个月婴儿应接种乙肝疫苗第2剂。

## 71. 接种乙肝疫苗的注意事项是什么？

出生后24小时内应接种乙肝疫苗第1剂，间隔1个月和6个月再分别接种第2剂和第3剂。对HBsAg阳性孕妇所产婴儿在出生后12小时内进行乙肝疫苗接种并注射乙肝免疫球蛋白（HBIG）。如果孕妇HBsAg状况未知，婴儿应在产后12小时内接种乙肝疫苗，之后如果发现母亲为HBsAg阳性，应尽可能快注射乙肝免疫球蛋白（不迟于一周）。在9到18个月完成乙肝疫苗系列接种后，应检测HBsAg阳性母亲所产婴儿的HBsAg及HBsAg抗体。 对双阳性母亲（乙肝表面抗原阳性和e抗原阳性）所生的新生儿最好在出生后12小时内注射和满1个月时再注射1针乙肝免疫球蛋白（HBIG）。剂量大于等于100单位/次。

## 72. 预防接种前应为婴儿做哪些准备？

①给婴儿洗一次澡，换一件干净柔软的内衣；
②带好婴儿的预防接种证；
③初次接种时应向医生详细叙述孩子出生后健康状况，如

果属于疫苗接种禁忌证时不要接种或医生约定以后的补种时间；

④按照医生约定时间来门诊接种。

## 73. 什么时候可以查询新生儿疾病筛查结果？

所有新生儿在出生后都需要做新生儿疾病筛查。新生儿出生的医院负责为新生儿采集足跟血进行筛查，在取血后1个月左右的时间，筛查结果会通过短信的方式发送到预留的手机号上，也可以登录北京卫生信息网 http：//www.bjhb.gov.cn，输入新生儿疾病筛查证明中的筛查编号、母亲姓名即可。（见图1-3，图1-4）

图1-3 新生儿疾病筛查

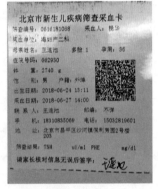

图1-4 采血卡

## 74. 如何指导家长进行简单的动作能力训练？

抬头训练能提高婴儿的身体协调性和主动性。家长可以根据婴儿的发育规律进行训练。俯卧抬头：使婴儿俯卧，两臂曲肘于胸前，母亲在婴儿头上侧引逗他抬头。开始训练每次30秒，以后可根据婴儿的训练情况逐渐延长至3分钟；坐位竖头：可以在婴儿每次吃完奶后，为婴儿拍嗝的时候，使婴儿的头贴于母亲的肩膀，用另一只手托住婴儿的头、颈、背，以防止婴儿头向后仰。（见图1-5）

图1-5 1个月婴儿抬头训练

## 75. 家长如何和婴儿进行感情交流?

很多经济不错的家庭，在婴儿出生后就请了月嫂，这可以让母亲有更多的休息时间，让母亲恢复体力，但是这样母亲就与婴儿身体接触大大减少，这样的话，母亲与婴儿的感情建立就会减慢。母亲不妨将一些育儿工作从月嫂那里接过来自己来做，如为婴儿洗澡，抚触，与婴儿一起玩铃铛和玩具，既有身体接触，又有语言、眼神这些有声无声的交流来促进母子感情的建立。母亲也可以用和蔼可亲的语音对婴儿讲话，进行听力训练。可以给婴儿唱柔和悦耳的乐曲，这样婴儿能渐渐熟悉母亲的语音，并注意到母亲的嘴的动作和声音的联系，也会学习嘴的动作。在与婴儿交流中，千万不要忽视父亲的作用。父亲和婴儿交流风格常常不同于母亲，父亲的拥抱能使婴儿感受到父亲有力的臂膀是他安全的港湾。

## 76. 1个月婴儿适合的玩具有哪些?

摇铃、拨浪鼓、彩色旋转玩具,可以让婴儿听这些声音进行训练。悬挂的玩具可以更换位置,悬挂高度以30厘米左右为宜。母亲可以将婴儿竖抱,看悬挂的玩具,同时告诉婴儿这些玩具叫什么名字。

## 77. 为什么婴儿在白天的睡眠时间在逐渐缩短?

婴儿越小大脑皮层的兴奋性越低,神经活动过程越弱,在新生儿期外界刺激对他来说都是过强的,因此非常易于疲劳,致使皮层兴奋性更为低下而进入睡眠状态。随着婴儿大脑皮层的发育,婴儿的睡眠时间逐渐缩短,而且因为白天外界刺激多,在婴儿活动中也就分出了白天和夜晚。

## 78. 婴儿溢奶是正常现象吗?

溢奶是指婴儿吃奶后不久奶汁从口角流出,导致溢奶的原因主要是生理性的,即由于婴儿胃为横位,容量较小,胃的入口处贲门肌肉发育不成熟、关闭不严,而出口处幽门肌肉张力高,造成奶进入胃后易反流。此外,不适当的喂养和护理方法也可引起溢奶,如喂奶过快、一次吃奶量太多,人工喂养时奶头孔太大,喂奶前婴儿过度哭闹吸入大量空气,喂奶后立刻将婴儿平放在床上或翻动婴儿等。

## 79. 婴儿溢奶喂养和护理时有哪些注意事项?

①哺乳时保持平静、舒适;

②如果开始喂时乳汁呈喷射样,可先挤出少许再喂孩子;

③婴儿每次喂奶量控制在30 ~ 50毫升;

④选择低流速奶头或以奶瓶倒立时奶滴状连续流出时的奶孔大小为宜;

⑤喂奶前避免婴儿过度哭闹,应在婴儿非常饥饿前就开始喂奶;

⑥喂奶后将婴儿竖抱,头靠在妈妈肩上轻拍后背5 ~ 10分钟,待婴儿将吞入的空气排出(打嗝)后再将其右侧卧位放在床上;

⑦换尿布应在喂奶前进行,做操、抚触最好在两顿奶之间进行。

## 80. 婴儿打嗝怎么办?

婴儿吸奶时咽下了空气,会感到很不舒服,尤其是婴儿剧烈哭闹后,如果立即喂奶将吸入大量空气,如不及时拍嗝很容易吐奶。因此,每次哺乳后应帮助孩子打嗝。拍嗝时将婴儿竖抱,让其头部轻伏在母亲肩上,由婴儿腰部往上轻拍他的背部,或者让婴儿俯卧在母亲的大腿上,再轻拍他的背部。

## 81. 婴儿需要额外补充维生素吗?

虽然新生儿出生时储存一定量的维生素D,但是如果不能够在室外接受足够的阳光,又不能通过食物摄入,小婴儿可出现维生素D缺乏性手足搐搦症和佝偻病。为防止此症的发生,应该从出生后半个月开始补充维生素D,每日400IU。

## 82. 婴儿红屁股怎么办?

红臀又叫尿布疹,是婴儿常见的皮肤病,大多由护理不当造成。常见原因是没有及时换尿布,再加上外面用塑料尿布衬垫,使臀部皮肤经常处在潮闷的环境中,受尿尿中氨的刺激而发生。预防红臀的主要方法是勤换尿布。

## 83. 婴儿红屁股如何护理?

每次大便后要用温水洗屁股,洗完后一定要用毛巾吸干,不能在湿时擦粉。其次是正确使用扑粉和油膏,一般在未发生红臀前可适当使用,起到润滑和保护皮肤的作用。红臀发生后,必须根据不同的创面采用各种不同的方法,切忌乱涂粉或油膏。除以上两方面外,还要注意尿布的选择和使用。布料选用柔软、吸水透气性能好的纯棉布,用过的尿布应先浸在水中半小时后再洗,肥皂水一定要漂清,然后在太阳下晒干。阴干的尿布常留有一定水分,最好放在热水袋或烫斗上烘一下，使尿布干燥。女婴小便更容易浸湿臀下的尿布，因此发生红臀的比例较男婴高。折叠尿布时注意女婴在臀部稍厚些，更需勤换、勤洗，保持臀部干燥。

## 84. 给婴儿做抚触的方法是什么？

开始为婴儿做抚触时，母亲要排除一切不良情绪，选择婴儿情绪愉快的时候做抚触，一般为婴儿做抚触的时间选择在两顿奶之间或沐浴后进行，室温调节在26℃～28℃，可以放轻柔的音乐，增加婴儿的舒适感，从每次5分钟开始，以后逐渐增加到每次15～20分钟，每日1～2次，每个部位4～6次，小部位用指尖，大部位用手指和手掌抚触。抚触前母亲先将手部饰品取下，清洁并温暖手部后，帮婴儿脱衣服，再将按摩油倒入手中，用手心搓热，这时母亲可以和婴儿说说话，然后开始按照顺序抚摸婴儿。

①头面部——舒缓脸部紧绷，永远的微笑，从婴儿前额中心处用双手拇指向上和往外推压。并在下颌部用双手拇指推压向耳前划出一个微笑状。

②胸部——顺畅呼吸循环，交叉循环，双手放在新生儿两侧肋缘，右手向右斜上方滑至婴儿右侧肩胛，复原。左手以同样方法进行，抚触时注意避开婴儿脐部。

③腹部——有助于肠胃活动，顺时按摩，按顺时针方向按摩腹部。避免在脐痂未脱落前按摩区域。

④上肢——增强灵活反应，将婴儿双手下垂，用一只手捏住其胳膊，从上臂到手腕部轻轻挤捏。在确保手腕部不受

伤害的前提下，用四指按摩手背，并用拇指从手掌心按摩至指腹，并轻捏指尖。

⑤下肢——增强运动协调能力，按摩婴儿的大腿、膝部、小腿，从大腿至踝部轻轻挤捏。在确保脚踝不受伤害的前提下，用拇指从脚后跟按摩至足心，再至脚趾。

⑥背部——舒缓背部肌肉，双手平放后背部脊柱两侧，从颈部向下按摩至骶骨尾部。

## 85. 为什么当婴儿遇到强烈的刺激时容易发生惊厥？

婴儿皮层下中枢的兴奋性较高，又因皮层发育尚未成熟，对皮层下中枢不能给予控制，所以它的兴奋或抑制过程很容易扩散，这就可以解释为什么当婴儿遇到强烈刺激时容易发生惊厥。

## 86. 父母吸烟对婴儿发育的影响有哪些？

有研究者对大量的数据进行从出生到3岁的纵向观察，发现父母吸烟者，婴儿被动吸烟，3岁时表现情绪不稳定，活动过度和侵犯性行为，吸烟每日1包以上最大影响是违抗性行为。

## 87. 听觉障碍的高危因素有哪些？

耳聋家族史，母弓形体，风疹，巨细胞包涵体病毒或疱疹病毒感染史，新生儿高胆红素血症，中耳炎，耳毒性抗生素使用。

### 88. 婴儿头部形状与睡眠姿势有什么关系?

婴儿头部的形状或长或短，或因常睡一面而致偏平，若睡眠时经常调换体位，可免此种情况的发生。

### 89. 如何注意婴儿睡姿，预防偏头?

在婴儿出生的头几个月，让婴儿经常改变睡眠方向和姿势。具体的做法：每隔几天，让婴儿由左侧卧改为右侧卧，然后再改为仰卧位。如果发现婴儿头部左侧偏平，应尽量使其睡眠时脸部朝向右侧，反之亦然就可以纠正了。

### 90. 如何正确护理婴儿眼睛、耳朵和鼻子?

眼睛：每天早晨要用专用毛巾蘸温开水从眼内角向外轻轻擦拭，去除分泌物。

耳朵：每日洗脸或洗澡时要清洗婴儿外耳，不要随意给婴儿掏耳朵，如发现油性大块耵聍要找医生处理，如发现外耳道红肿或流脓现象及时看耳鼻喉科。

鼻子：如鼻腔有分泌物或鼻痂时，用消毒棉球沾温水后浅浅探入鼻孔，轻轻旋转一下将分泌物带出，若分泌物或鼻痂较干燥且硬，需先用1滴温水湿润浸泡软化使分泌物或鼻痂湿润，当婴儿打喷嚏时就可以将湿润的鼻痂带出。另外，应保持室内空气温度、湿度适中。

## 91. 如何正确护理婴儿皮肤？

应每天早晚给婴儿洗脸、颈和脚，每次大小便后清洗臀部和外阴；每周给新生儿洗澡3～5次。使用刺激性小的婴儿专用皂或沐浴液、洗发液，用后要冲洗干净；洗澡后擦干皮肤，可以给婴儿做抚触，促进婴儿发育生长，同时提高婴儿免疫力。

## 92. 婴儿进食为什么容易呛咳窒息？

婴儿食管短，管壁弹力纤维和腺体发育不完善，吞咽时肌肉协调差，进食易发生呛咳窒息。

## 93. 婴儿为什么容易腹泻？

婴儿的肠道相对成人较长，有利于食物消化吸收，但其各种酶功能不足，肠蠕动也不稳定，易引起腹泻。

## 94. 什么是脐疝？

脐疝俗称"气肚脐"，为先天性，是新生儿和婴儿时期常见的疾病之一。脐带脱落后，脐部瘢痕区由于胎儿阶段脐带从腹壁穿过，是腹壁一先天性薄弱处；在婴儿期，两侧腹肌未完全在中线合拢，留有缺损，在医学上称为脐环。当哭闹过多、咳嗽、腹泻等促使腹内压力增高时，便会导致腹腔内容物，特别是小肠，连同腹膜、腹壁皮肤一起由脐部逐渐向外顶出，形成脐疝。

## 95. 婴儿脐疝的典型表现是什么？

婴儿脐疝多属易复性疝，较常见，嵌顿少见。当啼哭、站立和用劲时，脐部膨胀出包块，直径1～2厘米，无其他症状，常在洗澡、换衣时无意中发现。多呈半球形或圆柱状，肿物顶端有一小瘢痕，是为脐痕；肿物特点为可复性，即哭闹、咳嗽、直立时肿物饱满增大，而且肿物触之较坚实；小儿安静或者家长用手按压时，肿物缩小或回纳入腹腔，伴有肠鸣音。肿物缩小或还纳后，局部留有松弛皮肤皱褶，以上为典型脐疝。肿物较大时，特别是孩子哭闹腹压增高时，外表的皮肤发亮显得较薄，有一些家长担心脐疝会不会被撑破，实际上由于皮肤的弹性与韧性，并不存在撑破的可能性，除非为创伤所致。

## 96. 婴儿脐疝在家中如何护理？

脐疝的预后良好，大部分都能自愈。随着年龄的增长，腹肌发育，疝孔逐渐缩小，最后闭合，脐疝大多自己就好了。注意避免婴儿大哭大闹，还要避免剧烈咳嗽，也不要让婴儿便秘。总体来说，脐疝是比较安全的，当然家长也要注意观察脐疝的变化情况，如果发现膨出的脐疝变硬，一碰婴儿就疼，而且按不回去，婴儿还会有哭闹和呕吐，那就是脐疝嵌顿了，要立即送婴儿到医院去！只有那些一两岁脐疝还比较大的，才需要到小儿外科处理，外科也有保守治疗和手术治疗两种方法，必须得听从外科医生的意见。

## 97. 什么是母乳性黄疸?

母乳喂养的婴儿在出生后4～7天出现黄疸，2～4周达到高峰，一般状态良好，无溶血或贫血表现。黄疸一般持续3～4周，第2个月逐渐消退，少数10周才能退尽。

## 98. 引起母乳性黄疸的原因是什么?

母乳性黄疸的机制尚未完全明确。目前主流观点认为母乳性黄疸是因为母乳中的β-葡萄糖醛酸酐酶影响了胆红素的代谢，影响包括两方面：增加了胆红素的肠道吸收，并抑制了肝脏中代谢胆红素的某些酶类的活性。

## 99. 母乳性黄疸还能继续哺喂母乳吗?

婴儿患上母乳性黄疸是否要停掉母乳，其实并不一定。母乳性黄疸是由于婴儿小肠内的胆红素较高所导致，如果母亲希望不停掉母乳，但是需要注意的是，并不是说婴儿患上了母乳性黄疸就可以置之不理，家长一定要带婴儿去医院进行诊疗，确定婴儿是否有其他疾病，如果排除一切可能的病因，那么才可以在医生的指导下继续母乳喂养。

## 100. 什么是"先天性青光眼"？

婴儿眼睛总是水汪汪，这种泪溢可能是因为"先天性青光眼"，这是一种严重危害婴幼儿视力的疾病。若不进行早期治疗，将给患儿带来不可逆转的损害，造成终生残疾。这种患儿早期即有怕光、流泪等表现，逐渐出现眼球变大，但往往被家长忽视，到医院就诊的患儿多数已发展为晚期。因此，如果发现孩子眼睛总是水汪汪的，要转眼科诊治，以免延误病情。

# 2 个 月

### 101. 2个月的婴儿体格发育的正常值应该是多少?

体重:男婴平均5.68千克,女婴平均5.21千克。
身长:男婴平均58.7厘米,女婴平均57.4厘米。
头围:男婴平均38.9厘米,女婴平均38.0厘米。

### 102. 2个月的婴儿运动能力有哪些发展?

这个月龄大部分婴儿可以抬头保持一小会,一半的婴儿可以将头抬起45度,动作更平稳连贯。只有少数婴儿能够稳当抬着头,可以用腿支撑身体重量,俯卧时可以抬起头和肩膀。每个婴儿各个月龄重点稍有不同,这也和婴儿自身发育特点有关系。

### 103. 2个月的婴儿味觉和嗅觉发育的特点是什么?

婴儿出生就有较好的嗅觉。这个月龄的婴儿已能辨别母亲(有乳渍的)与陌生妇女的胸罩气味。婴儿对甜味表示喜悦,常伴有吸吮动作。酸味引起噘嘴和眨眼,苦味引起吐舌和厌恶表情。

### 104. 2个月的婴儿听觉发育的特点是什么?

2个月的婴儿,当听到有人与他讲话或有声响时,婴儿会认真地听，并能发出咕咕的应和声；用声音在婴儿头部周围引逗，婴儿会转头寻找声源。如果婴儿满2个月时，仍不会哭，目光呆滞，对背后传来的声音没有反应，应检查一下孩子的智力、视觉和听觉是否发育正常。

## 105. 2个月的婴儿视觉发育的特点是什么？

2个月婴儿眼球还小，视黄斑区细胞少，眼肌调节功能未完善，故视觉不敏锐，这个月龄的婴儿最佳注视距离是15～25厘米，不能太近，也不能太远，虽然可以看得到，但看不清楚。能够追随亮光和移动的物体。喜欢颜色鲜艳的东西。

## 106. 2个月的婴儿语言发育的特点是什么？

注意听人声及音乐，对声母有反应。当有人逗他时，能发出"ao"的回应声。哭声也越来越响亮了。

## 107. 婴儿期的呼吸频率不规律是正常的吗？

婴儿期的呼吸频率仅于睡眠时稳定，而节律可不均匀，醒时呼吸的深浅与快慢随时变异，往往没有重要意义，呼吸式在婴儿期概为腹型，乃因肋骨呈水平状，肋间隙较小及膈肌较肋间肌强的缘故。

**108.** 2个月的婴儿为什么在喂奶时就会出现吸吮的动作?

这是一个天然的条件反射。生后母乳喂养的婴儿,每当母亲抱起他来,还没有把乳头放入他口中时,他就会出现吸吮动作。这是因为每次母亲抱起婴儿时所产生的皮肤触觉,关节内感觉,三半规管平衡觉等这一复杂的刺激组合与紧接而来的食物性强化相结合而产生的。

**109.** 2个月婴儿大脑皮层发育特点是什么?

从2个月起,婴儿即可形成视觉,触觉,听觉,嗅觉等的条件反射,但因为大脑发育还不成熟,所以他所能形成的条件反射数量少,速度也慢。所以这个时间段婴儿的神经活动过程是很不稳定的,兴奋与抑制在皮层很易扩散,神经活动的强弱和集中都较弱,所以婴儿的运动是不规律的,全身性的。

**110.** 2个月纯母乳喂养的婴儿如何喂养?

从这个月开始,婴儿喝奶都比较专心,因为睡眠时间比较长,喝饱之后就会入睡。儿童保健手册内附有生长体重曲线表,只要孩子的体重百分比不低于正常数值的两格,就属于正常范围。妈妈定期体检就可得知孩子的身高体重。母乳喂养还是遵循按需哺乳的原则来喂养。若按体重来计算孩子喝奶的基本需求量的话，理想的喝奶量是每天600 ～ 700毫升奶比较好。

## 111. 2个月人工喂养的婴儿如何喂养?

2个月的婴儿每次喝奶粉在100 ～ 120毫升之间，每餐间隔两个半小时到三个小时。具体根据你自己家婴儿的食欲来判定。 人工喂养的婴儿则需要在两次哺乳之间喂一次水，因为奶粉中的矿物质含量比较多，婴儿不能完全吸收，多余的矿物质必须通过肾脏排出体外。此外，人工喂养的婴儿必须保证充分的水分供应。

## 112. 2个月混合喂养的婴儿如何喂养?

有一部分婴儿在初生时混合喂养，但随着月龄增加，婴儿吸吮力增加，母乳量充足，逐步过渡为纯母乳喂养，还有一部分母亲仍母乳不足时，还需加牛奶或其他乳制品进行混合喂养。混合喂养虽不如母乳喂养效果好，但要比完全人工喂养好得多。混合喂养时，每次应先哺母乳，将乳房吸空后，再给婴儿补充其他乳品，补授的乳汁量要按婴儿食欲情况与母乳分泌量多少而定，原则是婴儿吃饱为宜。补授开始需观察几天，以便掌握每次补授的奶量及婴儿有无消化异常现象。以无腹泻、吐奶等情况为好。

## 113. 早产儿出院后为什么要母乳喂养？

早产儿的母乳中含有丰富的、最适宜消化和吸收的各种营养物质，不仅能满足早产儿生长发育的需要，有利于早产儿为了"追赶"生长速度，而且含有增加脑细胞生长发育所必需的物质，如牛磺酸、鞘磷脂、胆固醇等，可促进脑发育，提高婴儿的智商。体重过低的早产儿吸吮和吞咽能力差，也不协调，胃肠道吸收功能也不完善，同时还会伴有呼吸暂停，有的孩子住院期间，使用的是肠道外喂养或胃管喂养，出院后暂不适应母乳喂养，所以早产儿母乳喂养不仅要注意方法问题，母亲还要有一定耐心帮助早产儿吃奶。

## 114. 为什么要给婴儿补充维生素D？

补充维生素D制剂的最佳时间是当新生儿出生后第15天开始，其目的是预防小儿佝偻病的发生。但是由于婴儿很少能外出晒太阳，尤其是冬天晒太阳机会极少，故必须给婴儿口服浓缩鱼肝油或其他维生素D制剂。维生素D制剂可按每日小儿生理需要量400～800国际单位计算或遵医嘱。

## 115. 为什么要坚持给婴儿做皮肤接触或抚触？

皮肤良性触觉刺激有促进婴儿生长发育的作用。实验曾证明，母鼠舔幼鼠能使幼鼠的β内啡肽分泌受抑制，胰岛素及生长激素分泌增加，代谢加强。据此，Tiffany Field创始对早产儿进行按摩：每天抱早产儿出暖箱3次，每次在其身上轻按摩15分钟。实验证实，婴儿生长加速47%，出院后随访时心理社会发育也较不按摩者提前。也有作者认为，简单的皮肤接触，由于消除婴儿的紧张，就有调节肾上腺皮质内分泌作用，从而促进婴儿的生长。

## 116. 婴儿的房间可以用空调吗？

夏天空气炎热，如果室内温度过高，会造成婴儿中暑，空调可以调节室内温度，其实只要空调的出风口不要对着婴儿睡觉或玩耍的地方就可以。但要注意，室内温度要根据外面的温度来适当调节，室内与室外温度不要相差太大。温度相差太大，婴儿外出时会感到很不适应，夏天室内温度调节在24 ～ 28度比较合适。

## 117. 照相机闪光灯对婴儿的视力有影响吗？

初生婴儿的眼球尚未发育成熟，强烈的光束刺激会影响他们的眼球发育，哪怕是1/500的电子闪光灯的光束，也会伤害眼球中对光异常敏感的视网膜，而且闪光灯距离越近，对视网膜的伤害越严重。尤其在室内光线暗弱的情况下，婴幼儿眼睛的瞳孔都开得很大，强烈直射闪光突然射入婴幼儿的眼睛，会伤害眼底视网膜，严重的还会留下终身的隐患。除此之外，闪光灯的突然闪亮还会令婴幼儿受到惊吓，所以当你举起数码相机准备给活泼好动的婴儿拍照的时候，请你关闭闪光灯。

### 118. 婴儿的毛巾、衣服和用品需要消毒吗？

婴儿的抵抗力弱，如果接触大量的细菌，就会生病。但是所有的婴儿用品不需要用消毒剂，因为消毒剂如果洗不干净，会刺激小儿皮肤或黏膜。一般小儿的尿布，衣物，被褥都可以通过太阳照射的方法进行消毒。室内空气可以开窗通风，就能达到消毒的目的。地面用干净的拖布擦拭即可，使用的拖把要经常晾干，因为经常潮湿的拖布会滋生细菌或霉菌。

### 119. 哭闹是怎么回事？

哭闹是婴儿的特殊语言，是不会说话的婴儿表达的一种方式，是表达自己的不适与要求，不同的哭声表示不同意向的要求。

### 120. 什么是生理性哭闹？

如果婴儿是饿了，尿不湿透了或者温度不适宜了，婴儿都会哭闹，这时婴儿哭声响亮，婉转有力，时间短暂，有一定的节奏感，哭时面色红润。这时母亲应该给他调整合适的温度，然后换尿布，最后给婴儿喂奶。

### 121. 什么是病理性哭闹?

婴儿哭声不连贯，突然而剧烈，呈持续性或者反复性，可伴有尖叫或不停嚎叫，极度不安，面色苍白。这个时候母亲应该查找原因，密切观察病情，发现问题积极处理。

### 122. 一哭就抱会惯坏孩子吗?

在婴儿出生的最初几个月，无论是婴儿何时哭闹，最好立即做出反应。当然这种反应不是一哭就抱，如果母亲检查评估，发现婴儿既温暖干爽，而且喂养良好，可以尝试其他方法来安抚婴儿，比如轻轻抚摸婴儿的头部或他的背部；唱歌或与婴儿说话，放些轻音乐，沐浴。如果都失败了，最好的办法就是让婴儿独处一会，许多婴儿哭闹一阵后，就很快入睡了。在这个阶段，不用担心过多的抱会惯坏孩子。当然关怀不只是抱，仔细观察婴儿并在他需要时做出恰当的反应是最好的。

### 123. 肠绞痛是一种什么病?

婴儿有肠绞痛并不是一种病，它只是一种症状。肠绞痛发生大约在婴儿3周左右，高发期可能是在6周。原本活泼的婴儿忽然变得经常尖声哭叫，而且很有规律，基本都是同样的时间，尤其是傍晚发作比较多，每次哭的时间持续两三个小时，连着3个星期，每星期都有3次以上的哭闹。父母如何安抚都没有作用。这样的哭闹不伴有病理症状，哭过后婴儿又和平常一样了。随着婴儿的长大，神经生理逐渐发育成熟，这种情况就会慢慢减少。

### 124. 婴儿肠绞痛该怎么办?

婴儿肠绞痛的时候，母亲可以坐着，让婴儿趴在自己的腿上，轻轻压迫婴儿的腹部和背部；也可以为婴儿做按摩，用热毛巾敷在婴儿的腹部，温度要适宜，时间不超过半小时，热敷时勤观察，避免烫伤婴儿。这些对减轻疼痛有一些帮助。如果无法判断婴儿腹痛的原因，最好的方法是带婴儿去医院，请医生做出诊断。

### 125. 婴儿出现病理性腹泻时还能继续母乳喂养吗?

可以继续母乳喂养的。婴儿患有肠道感染时，细菌让肠道壁受损，结果导致患肠胃炎的婴儿不能吸收牛乳或配方奶中的脂肪和乳糖。未吸收的乳糖发酵，造成婴儿身体不适并出现腹泻。母乳就不同了，它含有帮助乳糖和脂肪吸收的生物帮手。由于母乳不刺激宝宝肠道，母乳喂养的婴儿在肠道感染时，很少因为需要治疗脱水而住院。少食多餐可以避免婴儿脱水，继续母乳喂养的话，腹泻的婴儿通常很快就会康复，体重也不会减轻很多。

## 126. 患有唐氏综合征婴儿应当如何母乳喂养?

患唐氏综合征的婴儿肌张力比较弱,需要额外的扶持才能在乳房上吃奶。可尝试摇篮式抱法喂奶,手在婴儿脖子后稍用力,并在喂奶过程中一直扶住乳房,帮助婴儿吃奶。这样的婴儿吸吮力很弱,可以尝试用手指进行吸吮训练,在训练期间,他可能需要额外加奶,母亲泵出来的乳汁是最好的增补剂。同时,泵奶也让母亲的乳量更充沛。

## 127. 婴儿的前囟和后囟什么时候关闭?

前囟的斜径,在出生时约2.5厘米,至12 ~ 18个月时闭合。后囟在出生时或闭或微开,最晚于2 ~ 4个月时闭合。

## 128. 婴儿42天复查都包含哪些项目?

这个月医生会在婴儿出生42天安排体检,发育正常的婴儿,体检项目:体重、身高、头围、胸围、评价发育智能。这时的体重比出生时大约增加1千克,身高大约增长3厘米。婴儿每天可能睡16 ~ 18个小时,没有婴儿能一觉睡到天亮。

## 129. 2个月龄的婴儿应该接种什么疫苗?

这个月需要给婴儿接种小儿麻痹疫苗。小儿麻痹疫苗也叫脊髓灰质炎疫苗，就是用于预防小儿麻痹的疫苗，现在有两种疫苗可以使用，一种是我国目前正在使用的脊髓灰质炎减毒活疫苗，也就是"糖丸"简称OPV，它是由活的、但致病力降低的病毒制成，它是免费的。自费的是脊髓灰质炎灭活疫苗，简称IPV，是一种用死病毒制成的疫苗。

## 130. 什么是小儿麻痹？

脊髓灰质炎俗称小儿麻痹，是由脊髓灰质炎病毒引起的传染病。

## 131. 小儿麻痹的症状是什么？

婴儿可有轻微的症状，如发热、头痛、呕吐、腹泻或便秘。部分婴儿会出现肌肉疼痛，四肢及面部的肌肉无力。进而呼吸和进食功能受到影响。

## 132. 小儿麻痹的有效预防措施是什么？

接种疫苗是预防小儿麻痹最有效的方法。现我国使用I、II、III型混合糖丸疫苗，出生后2个月开始服用，连续3次，每次间隔不少于28天，1岁以内服完。4岁再服用一次。

### 133. 给婴儿口服糖丸时应注意什么?

给婴儿口服糖丸时先将糖丸放小勺内加少许冷开水浸泡片刻,再用1个干净小勺轻轻一按,即将糖丸碾碎,然后直接用小勺服用。不要用母乳喂服,服药后1个小时之内禁喂热水。

### 134. 如婴儿在接种脊髓灰质炎疫苗时发生急性腹泻,可以接种吗?

接种前一周有腹泻的婴儿,或一天腹泻超过4次,发热、患疾病的婴儿暂缓接种。有免疫缺陷的婴儿应禁用。

### 135. 卡介苗什么时间补种?

新生儿只要身体健康,接种卡介苗应该越早越好,因各种原因未接种卡介苗的新生儿,要求婴儿出生42天后经二级以上医院检查已完全恢复正常时持健康体检证明(各项指标均正常)及卡介苗补种须知接种。体检要求至少有体重、心、肺情况和黄疸值($<8mg/dL$)。卡介苗如需与其他疫苗当天接种,每次最多只能接种2种注射疫苗(包括卡介苗)和一种口服疫苗,因卡介苗只能接种在左上臂,如在左上臂接种需要间隔一个月。卡介苗可与一种减毒疫苗(糖丸、麻风二联、麻风腮、口服轮状病毒、水痘)当天不同部位接种,如未当

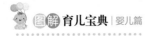

天接种，应间隔≥28天，与乙肝免疫球蛋白间隔3个月。（见图2-1，图2-2）

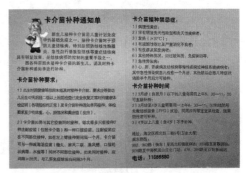

图2-1　卡介苗补种卡　　　　　图2-2　卡介苗补种要求

### 136. 卡介苗接种后一般反应是什么？

（见图2-3，图2-4）

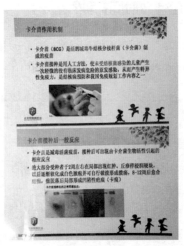

图2-3　卡介苗接种后反应

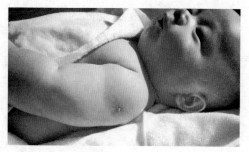

图2-4　卡痕

## 137. 2个月龄的婴儿母乳性黄疸还没退怎么办?

母乳性黄疸多于出生后第二个月逐渐消退，少数可延至10周才退尽。因母乳性黄疸患儿血清胆红素很少达到产生神经毒性的水平，故一般不必停喂母乳。这时，一方面鼓励母亲少量多次喂母乳，另一方面要给婴儿多晒太阳，多做皮肤接触。

## 138. 婴儿双眼向内斜视怎么办?

婴儿双眼向内斜视就是传说中的"斗鸡眼"，出生最初几个月的婴儿，都经常会出现，这种现象多为良性的假性内斜视。因为婴儿的视觉目标都比较近，看

图2-5　内斜视

东西时目光都比较集中，两侧眼珠向内侧偏靠拢。所以，父母平时不要把婴儿的玩具挂在离婴儿太近的地方，最好要经常变换位置，避免固定地只注视一个目标。还有是因为婴儿鼻根较宽，眼球内侧的眼白部分被鼻侧的皮肤遮住了，所以看起来像"斗鸡眼"，此种现象大约4～5个月左右自然恢复。（见图2-5）

## 139. 婴儿几周时可以训练注视能力？

随着婴儿年龄的增加，到了6～8周大时，母亲就发现婴儿好像开始会看东西了，婴儿的视线似乎会跟着东西移动，这是因为婴儿此时的视觉能力已经发育到能够"固视"的阶段。这时，母亲就可以训练婴儿的视觉能力了。[见图2-6（a），图2-6（b）]

（a）

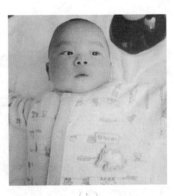
（b）

图2-6　婴儿视力训练

### 140. 训练注视能力都有些什么方法?

在家中应用比较普遍的就是对视法和看图片，操作简单，母亲便于上手。

### 141. 什么是对视法?

在婴儿醒着的时候，母亲可以在婴儿耳边10厘米左右处，轻轻呼唤婴儿，当他听到母亲的声音后，慢慢移动头的位置来注视母亲的脸时，母亲想办法吸引婴儿的视线并促使其追随母亲移动。

### 142. 什么是看图片法?

黑白格子对婴儿最有刺激性，婴儿最喜欢的就是模拟母亲脸的黑白挂图。挂图可以放在床栏杆左右距离婴儿眼睛20厘米处，每隔3～4天应换一幅图。母亲可观察婴儿注视图片的时间，一般婴儿对新奇的东西注视时间长，对熟悉的图画注视时间短。

### 143. 婴儿斜视的危害有哪些?

由于部分斜视患者长期一只眼注视，斜视眼将造成废用性视力下降或停止发育，形成弱视，日后即便戴合适的眼镜，视力也不能达到正常。另外，斜视会影响到婴儿双眼立体视觉的发育，影响婴儿正确判断物体空间的能力，因此，婴儿长大后很多职业受到限制。而且斜视对孩子的自尊心的影响很大，常常会导致孩子自卑，孤僻等。

## 144. 婴儿斜视什么时候治疗合适？

斜视有不同类型，其治疗方法也各不相同。治疗的年龄与治疗的效果关系很大，早期发现，早期干预，早期治疗，可以促进立体视觉发育，防止弱视形成。有的斜视可以通过佩戴合适的眼镜进行矫正，有的斜视则必须通过手术才能矫正。

## 145. 这个月龄的婴儿喜欢玩什么玩具？

可以给婴儿准备些有声响的玩具，摇铃或拨浪鼓，八音盒等。父母用拨浪鼓柄碰婴儿的手掌时，婴儿可以轻轻地抓住2～3秒不松手。头部也能跟随视线内缓慢移动。这样可以训练婴儿的抓握能力。家长和周围的其他人也是婴儿这个时期最好的玩具，婴儿和他人之间的互动对他而言是最具刺激性的经验。在和婴儿互动时要密切留意他/她。当婴儿的眼光转开、扭动身体、变得焦躁、踢腿、打哈欠或似乎不高兴时，你就能够判断出来他已经玩够了。[ 见图2-7( a )，图2-7( b )]

（a）　　　　　　　　　（b）

图 2-7　婴儿玩玩具

### 146. 这个月龄的婴儿如何锻炼身体？

训练婴儿俯卧抬头，婴儿俯卧在床上，父母在他的头部上方摇铃铛，鼓励婴儿跟着铃声抬头，让下颌短时间离开床面。每天练习 2～3 次。促使婴儿自己将头竖直，训练转头，将婴儿抱在身上，让他的脸向着前方，另一个人在婴儿背后忽左忽右地呼唤婴儿的名字，逗他左右转头，以增强颈部肌肉的控制力。[见图 2-8（a），图 2-8（b），图 2-8（c）]

（a）　　　　　　　（b）　　　　　　　（c）

图 2-8　抬头训练

### 147. 给婴儿欣赏音乐大约多长时间合适?

父母为婴儿听音乐最好固定一个时间来播放一首音乐,每次以5 ~ 10分钟为宜,常说话时音量稍大一点即可。听音乐不仅能训练婴儿听力,还能让妈妈在哺乳期间更轻松。

### 148. 婴儿游泳有哪些好处?

婴儿经常游泳,可以提高呼吸系统的功能;婴儿游泳可消耗过多的脂肪,利用全身各部位的肌肉,使体型匀称健美;婴儿游泳的过程中也会提高大脑的功能,让婴儿的大脑对外界环境的反应能力快,智力发育好;婴儿经常游泳可使心肌发达,新陈代谢旺盛,心跳比同龄婴儿慢且有力,这就为承担更大的体力负荷准备了条件;游泳还可以提高婴儿耐寒和抗病的免疫能力。[见图2-9(a),图2-9(b)]

(a)　　　　　　　　　　(b)

图2-9　婴儿游泳

## 149. 鹅口疮是一种什么样的疾病?

鹅口疮是一种由霉菌（白色念珠菌）引起的口腔黏膜感染性疾病，患儿口腔舌上或两颊内侧出现白屑，逐渐蔓延于牙龈、口唇、软硬腭等处，白屑周围绕有微赤色的红晕，互相粘连，状如凝固的乳块，随擦去随时生成，不易清除。

## 150. 什么样的婴儿容易患鹅口疮?

一般认为鹅口疮是由于婴儿免疫功能低下，营养不良，腹泻或因感染而长期服用各种抗生素和激素造成的，也有2% ~ 5%的婴儿是由于被污染的哺乳器具，也有少部分是因为出生时吸入或咽下产道的白色念珠菌而发，或母亲乳头有霉菌，婴儿通过吃奶而感染的。

## 151. 如何预防鹅口疮?

婴儿用的奶瓶以及所用的物品均应定期清洗消毒，之后用烘干机或在太阳光下晾干。喂乳前后用温水将乳头冲洗干净，再给婴儿喂服少量温开水。

## 152. 发现婴儿鹅口疮应采取哪些措施?

如发现婴儿患鹅口疮，要及时到医院请专科医生给予治疗，因为有可能婴儿口腔黏膜充血明显，可能会误诊为细菌或病毒引起的口炎，由于用药不当而加重病情。

## 153. 什么是婴儿便秘？

婴儿便秘是指他排出的大便比平时少，比平时硬。婴儿的大便习惯各不相同，有的婴儿一天两次大便，有的婴儿两天才一次大便，这些都属于正常现象。如果婴儿超过三天没有大便，或者婴儿大便时感到十分困难，则说明婴儿可能发生便秘了。

## 154. 婴儿便秘常见的通便方法是什么？

在家中家长可将肥皂削成3厘米长的圆锥形状，蘸少许热水，使肥皂条顶端润滑，软化，轻轻塞入婴儿肛门内。用手指按压片刻，使肥皂条在肛门内保留一些时间，充分发挥肥皂的化学作用，刺激肠蠕动，排出大便。

## 155. 婴儿大便干结怎么办？

婴儿大便干结，堵塞在肛门口，而此时婴儿已经憋得满脸通红。此时，父母可戴上一次性手套，用食指或中指蘸少许温开水，石蜡油或凡士林，缓缓伸入婴儿肛门，慢慢将很硬的粪块挖出。挖时动作要轻柔，不要损伤婴儿直肠黏膜及肛门黏膜。

## 156. 婴儿便秘可以吃泻药吗?

婴儿如有暂时性便秘，不必担心，因为这不会给婴儿带来损害。不要给婴儿吃泻药，以免扰乱他的正常大便习惯。

## 157. 什么是婴儿腹泻?

婴儿腹泻主要表现为大便次数比平时明显增加，大便形状改变（呈稀糊状或水样，含黏液、血、脓液等）。

## 158. 婴儿腹泻的常见原因是什么?

引起婴儿腹泻的主要原因是喂养不当，病毒或细菌毒素刺激胃肠道引起的消化功能紊乱。喂养不当是引起婴儿腹泻的常见原因。因为婴儿消化系统不成熟，消化酶活性比较低，所以，如果喂养量过多，过早喂食大量淀粉类，脂肪类食物，或婴儿对某些辅食过敏都容易发生腹泻。

## 159. 出现哪些症状说明婴儿有脱水的现象?

腹泻的症状可轻重不一，腹泻伴有下列情况时，说明婴儿有腹泻有脱水的表现，应立即带婴儿到医院看医生：口腔和嘴唇干燥；尿色深，量少；哭时无泪或少泪；两眼凹陷，囟门凹陷；异常昏睡。

## 160. 婴儿脱水应如何护理？婴儿腹泻时怎样护理？

在家中婴儿脱水可服用葡萄糖盐水（葡萄糖3茶匙，盐半茶匙，溶于200毫升的温开水中）；服用补液盐溶液。婴儿腹泻时，首先寻找引起婴儿腹泻的原因，对症处理；在婴儿饮食上做到清洁，清淡；及时补充水分，多饮温开水或糖盐水；保持婴儿臀部清洁，干燥。

## 161. 婴儿期发生呕吐现象正常吗？

呕吐是婴幼儿疾病的常见症状之一。引起婴儿呕吐的原因很多，父母应对孩子呕吐原因作分析。如果2个月左右的婴儿，喂奶后呕吐出少量奶汁，这是正常的。如果是几次喂奶后都出现喷射性呕吐，则要引起重视，尽快去医院看医生。

## 162. 什么是婴儿枕秃？

婴儿枕秃也就是脑袋跟枕头接触的地方出现一圈头发稀少或没有头发的现象叫枕秃。几乎每个婴儿从生后2个月开始都会出现脑后、颈上部位头发稀少的现象。只是每个婴儿枕部头发稀少程度不同，情况严重的婴儿枕部几乎见不到头发。

## 163. 婴儿枕秃的原因是什么?

婴儿大部分时间都是躺在床上,脑袋跟枕头接触的地方容易发热出汗使头部皮肤发痒,不能用手抓,也无法用言语表达自己的痒,所以婴儿通常会通过左右摇晃头部的动作,来对付自己后脑勺因出汗而发痒的问题。经常摩擦后,枕部头发就会被磨掉而发生枕秃。

## 164. 发生枕秃应如何护理?

给婴儿选择透气、高度适中、柔软舒适的枕头,随时关注婴儿的枕部,发现有潮气,要及时更换枕头,以保证婴儿头部的干爽。调整温度,注意保持适当的室温,温度太高引起出汗,会让婴儿感到很不舒服,同时很容易引起感冒等其他疾病的发生。

## 165. 婴儿枕秃都是缺钙吗?

婴儿缺钙的表现之一是枕秃,但枕秃的婴儿未必都是缺钙的。如果婴儿有枕秃现象,同时伴有睡眠不好、出汗等症状,又没有按规则补钙,这时就要考虑可能是缺钙了。单凭有枕秃等表象就随意补钙的做法是不可取的,而且对婴儿的身体还是有一定危害。如果发现婴儿有枕秃等缺钙表现,体检时可以告诉医生婴儿的吃奶量,让医生帮助算出钙剂用量,

科学地进行补充。

**166.** 通过抽血化验能正确反映身体是否缺钙吗?

有些婴儿抽血化验血钙值在正常范围内,父母就以为婴儿不缺钙,这是不准确的。血钙只代表血液中钙的含量,人体内98%的钙都贮存在骨骼和牙齿中,血液中的钙还不到全身总量的2%。在一般情况下,血钙浓度并不能敏感地反映人体是否缺钙,也就是说血钙正常的人也会有缺钙的症状存在。

**167.** 婴儿为什么容易患佝偻病?

佝偻病为我国北方最常见的营养缺乏病,婴儿生长发育特别快,此时必须供给适量的营养要素,经过防治,重症发病率大为减少,但随着城市化进展,孕母,婴儿日光照射减少,必须加强预防。

**168.** 如何防止坠地事故?

当婴儿一个人躺在床上睡觉或玩耍时,均应有人看护,建议床边一定要用东西挡着。不要让婴儿一个人站在窗台上,住楼房的家庭应该用栏杆遮挡。

### 169. 什么是轻度烫伤或烧伤?

烧伤或烫伤面积在2～3厘米，表面稍红，无水疱形成，这属于轻度烧伤，可以在家中治疗。如发生轻度烧伤（烫伤），应立即脱离烧伤源，用冷水冲洗烧伤（烫伤）部位。可用蓝烃油涂擦伤处。

### 170. 什么是严重烫伤?

若烧伤或烫伤面积大于2～3厘米，有水疱形成或表面苍白，有体液从烧伤处溢出，这属于严重烧伤（烫伤），对婴儿有危险，而且可能引起感染，应立即带婴儿去医院治疗。在去往医院的途中，家长应立即去除遮盖烧伤部位的衣物。用干净的浸透冷水的毛巾或被单将烧伤（烫伤）处盖起来，不要摩擦皮肤。

### 171. 烫伤后有水疱形成，家长可以自行挑破吗?

婴儿烫伤后有水疱形成，家长不能自行挑破，如果自行挑破后有增加感染的风险。

### 172. 如何防止烫伤?

家长在给婴儿洗澡时，先在盆里加入凉水，后放热水。

注意不要碰到装了热水的容器。使用热水袋给新生儿取暖时要将塞子塞紧，擦干外表的水，并用毛巾或厚包布裹起来，不要让新生儿的皮肤接触到热水袋，热敷时间不能超过30分钟。婴儿会爬会走以后，要注意将热水、汤、粥等放在桌边，特别是不能放在有桌布的桌子上，以免被儿童碰翻。夏天蚊香应放在离婴儿较远的地方。

## 173. 家中如何注意用电安全？

受到电击是十分严重的，所以要减少孩子受到电击的机会：电器设备在不用时要把插头拔掉，电线卷放好。切勿把已经接通电源而又未使用的插座暴露在外面。电插座应装在婴儿碰不到的地方。用插座罩把不用的插座遮盖，或者用绝缘性很强的胶带把它密封。要定期检查所有室内电线，用新的电线更换已损坏的旧电线。不能给婴儿玩耍与家中电源相连接的玩具。

## 174. 如何防止一氧化碳中毒？

房间内使用煤油炉，煤气炉，煤炉取暖时，要注意通风。

## 175. 发生一氧化碳中毒应该怎么办？

将中毒者安全地从中毒环境内抢救出来，迅速转移到清新空气中。

### 176. 如何预防婴儿发生窒息？

母亲每次喂完奶后应抱起婴儿拍拍后背直到打嗝再轻轻放下侧卧。母亲白天尽量休息好，晚上喂奶要保持清醒状态，最好让婴儿睡自己的小床。婴儿俯卧一定要有人照看，婴儿睡觉时不要捂太严，应露出头部。婴儿周围不要有塑料口袋等不能透气的物品。

### 177. 婴儿发生窒息应如何处理？

发现婴儿窒息应立即移走覆盖在婴儿面部的物体，检查婴儿是否神志清醒，特别是有无呼吸。如果没有呼吸应立即进行人工呼吸。

### 178. 如何防止咬伤？

饲养宠物的家庭需要注意，新生儿阶段开始就不能让猫狗等宠物单独与婴幼儿在一起。消灭老鼠，防止其咬伤及传染病。

### 179. 如何防止丝线缠绕？

经常检查婴儿的手指和脚趾是否被手套和被子上的丝线缠绕，以免因血流不通造成组织坏死。

## 180. 如何防止指甲抓伤?

要经常给婴儿修剪指甲,把指甲修圆,以免抓破皮肤。照看婴儿的人也不能留长指甲,防止伤害到婴儿。

# 3 个月

### 181. 3个月的婴儿体格发育的正常值应该是多少？

男婴体重平均为6.4千克左右，女婴体重平均为5.8千克左右；男婴身长平均为61.4厘米，女婴身长平均为59.8厘米，男婴头围平均为40.8厘米左右，女婴头围平均为39.8厘米左右。

### 182. 3个月的婴儿运动能力有哪些进展？

3个月的婴儿俯卧时，不但会把头抬起，而且会抬得很高，可以离开床面成45°以上。婴儿可以靠上身和上肢的力量来翻身，绝大多数婴儿是仅仅把头和上身翻过去，而臀部以下还是仰卧位的姿势。这时如果母亲在婴儿臀部稍稍给些力，或移动婴儿一侧的大腿，婴儿会很容易地把全身翻过去。

### 183. 3个月的婴儿精细动作有哪些进展？

3个月的婴儿手能互握，会抓衣服，抓头发、脸。可以吸吮手指。婴儿的手指碰到嘴巴，在反射作用下吸吮起来。这让婴儿得到类似吸吮乳房的安全感。

### 184. 3个月的婴儿视觉发育有什么进展？

3个月的婴儿眼睛更加协调，两只眼睛可以同时运动并聚焦。视线随物体转动角度可达180度；能看清几米远的物体，对伴有声音的、色彩鲜艳玩具最感兴趣。

## 185. 3个月的婴儿听觉发育有什么进展?

随着月龄的增长，婴儿听觉能力也逐步提高。3个月时，婴儿的听力有了明显的发展，在听到声音后，头能转向声音发出的方向，并表现出极大的兴趣；当成人与他交流时，他会发出声音来表示应答。

## 186. 3个月的婴儿语言发展有哪些进展?

第三个月的婴儿，嘴里常常会发出一些简单的音调，如"噢"、"啊"等，用一系列容易辨别的叫声，来表达自己的感觉，婴儿见到自己喜欢的人，会高兴地手舞足蹈，发出笑声，而且能发出连续的笑声。这种声音通常被称为"咿呀声"，虽然不是语言，但却是宝宝与妈妈和爸爸相互交流的一种形式，是语言的萌芽，也是婴儿自我感觉良好的一种表现。

## 187. 3个月的婴儿情绪有哪些进展?

婴儿有了自己的喜怒哀乐。吃饱了婴儿就会发出笑声；看见生人，就会用哭声来达到保护自己的目的；当婴儿饿了，也会用喑哑的哭声来提起爸爸妈妈的注意。婴儿的表情也越来越丰富，会明显出现欢愉或不快的情绪。

## 188. 3个月纯母乳喂养的婴儿如何喂养?

3个月的婴儿奶量在600～800毫升左右,母乳是婴儿的最佳食品,如果能够有足够的母乳,尽量母乳喂养。由于婴儿吃奶量有多有少,每次也无法测量,婴儿活动量多少和睡眠时间长短不一,硬性规定喂养时间不利于婴儿的生长发育,母亲需要根据自己婴儿的体重增长、神情、排便次数等来判断婴儿的需求,按需给予母乳喂养。纯母乳喂养的婴儿可以不用喂水。

## 189. 3个月人工喂养的婴儿如何喂养?

3个月的婴儿人工喂养越来越有规律了,每个婴儿吃奶的量可能都不一样,每次120～240毫升不等,配方奶在配制过程中要按说明调配,在两次奶之间一定要补充水,人工喂养的婴儿需要多喝水,婴儿体重则每月增加600g左右。

## 190. 3个月混合喂养的婴儿如何喂养?

混合喂养方法分为两种,上一节介绍了一种为补授法,这个月介绍代授法。在每一天中,给婴儿喂几次牛奶或其他代乳品,其余时间仍喂母乳。比方说,早晨8点吃母乳,到11点喂牛奶,再下一餐又喂母乳。喂牛奶或其他代乳品时,要根据孩子的日龄配制,并用小匙慢慢地喂孩子。母亲可以在外出时或暂时不能母乳喂养时用这种方法。

## 191. 混合喂养婴儿如何给婴儿喂水?

婴儿口渴了也不会说,所以,要通过母亲的观察,如果婴儿舔嘴唇或换尿布时发现没有尿等现象都提示婴儿需要喝水了。另外喂水一般在两次喂奶之间,在户外时间长了、洗澡后、睡醒后等都要给婴儿喂水。婴儿喂奶前不要喝水,喂奶前喝水可使胃液稀释,消化液被冲淡不利于食物消化,影响食欲。

## 192. 母乳不足怎么办?

如果婴儿每次吃奶要费很大力气,并很快不愿再吸而睡着,1个小时左右又醒来哭闹,大便量少或稀薄发绿,每10天体重增长不足300g(出生后头3个月),提示母乳不足。当母乳不足时,首先采用增加吸吮次数、纠正哺乳姿势等方法提高乳汁分泌量。如果这种方法无效,为了满足婴儿的生长发育,需要适当加配方奶或其他代乳品,每次母亲在婴儿充分吸吮母乳后,再用配方奶或其他代乳品。补授法有利于刺激乳汁分泌,保证婴儿得到一定的母乳。也可以用代授法,不过代授法有可能会减少母乳的分泌。

## 193. 母亲可以攒奶吗?

　　有的母亲觉得自己奶水不足，奶不胀，所以就给婴儿加一顿奶粉，希望把奶攒多了下一顿再喂婴儿，这种做法是极其错误的。母亲产奶是受到激素刺激和神经传导产生的，婴儿吸吮母亲乳房次数越多，接受下奶的信号也越多，产奶会越快越多，双胞胎的婴儿通过频繁有效吸吮母亲的乳房，奶水也是够吃的。反之，攒奶会让产奶信号减少，误认为婴儿不需要更多的奶水而减少产奶量。

## 194. 如何喂养肥胖儿?

　　对于配方奶喂养儿，虽然配方奶的营养成分与母乳接近，但用奶瓶喂养时易过量，可选择低流速的奶嘴或在奶嘴上扎较小的孔以减少奶的流速。而纯母乳喂养儿一般很少肥胖。有些母亲担心婴儿吃不饱就会加喂1～2顿牛奶。有些母亲只要婴儿哭闹就喂奶，使得婴儿摄入过多，对于由于疾病造成的肥胖应首先治疗原发病。

## 195. 3个月的婴儿室内穿几件衣服合适?

　　3个月的婴儿渐渐增加了饮食，运动量也逐渐增加，新陈代谢比新生儿期旺盛了许多，体内所产生的热量也多了起来。对于这个时期的婴儿来说，运动是发育必不可少的，运动发育可以带动婴儿全身各方面的发育，尤其是脑的发育。另外，穿得不宜太厚，以利于婴儿运动，而且活动起来不易出汗，运动停下来时也就不易着凉，也就减少了因着凉而造成的感冒、腹泻等疾病的几率。所以，不要给婴儿穿得太厚。

## 196. 为什么要带婴儿进行室外活动？

阳光中的紫外线照射皮肤后，不仅可以促使皮肤制造维生素D，对佝偻病有预防和治疗作用，还能活跃全身，促进血液循环，刺激骨髓的造血功能，防止贫血。另外，紫外线还有杀菌消毒的作用。小儿出生几天就可以到室外活动。室外活动要循序渐进，由10分钟逐渐达到1小时或者更长，由1天一次增加到1天两次，天气热时可以给婴儿戴上遮阳帽防止中暑，冬天要穿好衣服，尽量在中午暖和时外出，晒太阳要选择避风的地方，避免着凉。

## 197. 为什么3个月婴儿还不能挺直颈部来支撑头部？

大部分婴儿3个月的时候就能挺直颈部了，也有一部分婴儿只需要2个月就可以挺直颈部，有的婴儿需要4个月左右才可做到。各种情况因人而异，各位父母不要多虑。但是如果是4个月以后还是挺不直，颈部没有劲儿，可能是育儿方法的问题了，也可能是某种疾病所导致的，因此，大家不要只看颈部的发育情况，应仔细观察婴儿整个身体的发育情况，如果有异常的话一定要及时带婴儿去医院就医。

## 198. 婴儿可以经常趴着吗?

3个月后的婴儿喜欢趴着玩、趴着睡,对生长发育没有不良影响,无须干预。常趴着,利于婴儿腰背部和四肢肌肉发育,更利于全身肌肉协调性发育。3个月后,可以在大人看护下,趴着玩或睡眠。但未满3个月的婴儿不建议趴着睡觉,以免出现窒息。婴儿睡醒后、喂奶前,尽可能多创造机会让他们趴着。体重越重,越不愿趴着。趴着的孩子抬头较早,这是因为趴着可以训练腰背部肌肉,利于今后运动功能的成熟。

## 199. 为什么婴儿不能含着乳头或奶嘴入睡?

有的婴儿,非得含着母亲的乳头或奶嘴才能入睡。这么一来,婴儿每每醒来后就会下意识地吸吮乳头或奶嘴吃奶。这种过度频繁的进食习惯,容易使婴儿的胃肠功能紊乱。入睡后,婴儿小嘴依然被乳头"堵"着,容易呼吸不畅,导致睡眠质量下降,甚至引发窒息。还可能影响婴儿牙床的正常发育以及口腔的清洁卫生。

## 200. 婴儿睡眠被子为什么不能太厚?

通常在冬天,有些父母让婴儿睡得暖和,特意为婴儿盖上厚厚的被子,殊不知太厚的被子往往过重,甚至可能引起呼吸不畅。而且被子中过高的温度反而会使婴儿烦躁不安乃至哭闹不停，同样影响其睡眠质量。让婴儿从小就在过分温暖的环境下入睡还可能降低人体对寒冷的抵抗力，造成婴儿长大后"弱不禁风"，值得我们警惕。

## 201. 为什么婴儿不宜开灯睡?

有的父母为了方便自己照看婴儿，喜欢让卧室整夜灯火通明。但婴儿对环境的适应能力远远不如成人，如果夜间睡眠环境如同白昼，婴儿的生物钟就会被打乱，不但睡眠时间缩短，生长激素分泌也可能受到干扰，最后导致婴儿生长发育受到影响。

## 202. 婴儿睡眠环境过分安静对婴儿有好处吗?

婴儿一般在 3 ~ 4 个月时就开始自觉地培养"抗干扰"的调节能力了，婴儿会在自然的"家庭噪音"背景下入睡，家长大可不必在房间里特意蹑脚走动，不敢发出任何一点细微的声响。然而研究表明，约有 30% 的婴儿并没有学会"抗干扰"，他们往往有一点动静便难以入睡，或在熟睡中被惊醒。只有在人为、刻意制造的"极度"安静的环境中才能入睡，而这种环境在现实中却是难求的。

## 203. 为什么不宜依赖"摇篮"？

每当婴儿哭闹时，一些父母就会将婴儿抱在怀中或放入摇篮里摇晃个不停，甚至婴儿哭得越凶，母亲们就摇得越起劲。殊不知，这种做法对婴儿十分有害，因为过分猛烈的摇晃动作会使婴儿的大脑在颅腔内不断受到震动，轻者影响脑部生长，重则使得尚未发育成熟的大脑与较硬的颅骨相撞，最终造成颅内出血，这对10个月以内的婴儿非常危险。

## 204. 婴儿晚上睡得正香，也要给他换尿布吗？

婴儿睡着的时候没有必要更换尿布。因为将婴儿弄醒会打乱了他的睡眠节奏。如果婴儿醒后哭闹，就要给他及时换尿布了，因为尿布湿了，婴儿才会醒，哭就是一种信号。

## 205. 如何护理婴儿的皮肤？

婴儿的皮肤很薄，皮脂分泌很少，这意味着皮肤容易变得干燥和粗糙，而且婴儿和成人相比体内水分蒸发量大，如不及时补充水分，皮肤就更容易变得干燥。所以母亲应做好日常的皮肤保护工作，在每次婴儿洗脸与洗澡后，给婴儿涂抹婴儿专用护肤品。建议将室内湿度控制在50% ~ 55%之间，当然在控制湿度的同时仍需要保持室内的环境温度与空气流通。每天开窗通风是很必要的。秋冬气温渐凉，不像夏天那样多汗，父母可以适当减少沐浴次数，以免婴儿皮肤水分过度流失，破坏婴儿皮肤屏障，加重干燥。

## 206. 婴儿睡眠打鼾正常吗?

婴儿在睡眠时可能会发出微弱的鼻鼾声，如果是偶然现象，就不是病态，如果是经常性的而且鼻鼾声较大，那就应及早带宝宝到医院检查。在婴儿的鼻腔有一个叫做腺样体的淋巴组织，如果腺样体增大严重时，还会引起硬腭高拱、牙齿外突、牙列不齐、唇厚、上唇翘、表情痴呆、精神不振、体虚和消瘦等表现。所以，如果婴儿经常性打鼾，就要请专科医生判断是否存在病理性腺样体增大。

## 207. 什么是攒肚?

攒肚，是指婴儿消化功能逐渐提高后对母乳能充分地进行消化、吸收、以致每天产生的食物残渣很少，不足以刺激直肠形成排便的一种常见现象。这种状况还说明母亲的母乳质量好，营养物质太好吸收，才导致婴儿不需要充分肠蠕动，致使出现"攒肚"的现象，一般发生在6个月以内的纯母乳喂养的婴儿。

## 208. 攒肚和便秘有什么区别?

便秘是指婴儿大便次数和形状发生了改变。便秘不仅仅似指大便次数减少，更重要的是大便硬结、干燥、排出困难，便秘不可能发生在纯母乳喂养的婴儿身上。便秘时婴儿食欲减退、腹胀、左下腹肚子有硬块，这一点和攒肚是截然不同的，攒肚时肚子是软的。

### 209. 婴儿一定要经历攒肚的阶段吗？

当然不是，父母也不要觉得别人家的婴儿攒肚了，自己家的婴儿也要攒肚，只要婴儿生长发育都正常，攒肚不攒肚又有什么关系呢？

### 210. 婴儿攒肚时母亲应该干什么？

虽然说攒肚是正常现象，不会影响婴儿的健康发育，但婴儿四五天都没有拉大便，父母肯定会焦虑，这时母亲可以每天定时给婴儿腹部做按摩，以脐为中心，顺时针按摩10分钟左右。可以促进婴儿肠蠕动，有利于大便排出。有些母亲会给婴儿使用开塞露，这是不可取的。开塞露只能急救使用，长期使用会形成依赖。还有一些母亲不要以为婴儿攒肚，是自己母乳不够，就盲目给婴儿添加配方奶，甚至提前添加辅食，这种方法也是不可取的，婴儿吃得够不够要看婴儿是否达到发育指标，发育情况是否良好，而不是排便的次数和量。

## 211. 婴儿大便有奶瓣该怎么办？

喂配方奶的婴儿大便容易出现奶瓣，奶粉脂肪颗粒大，相对难消化，奶瓣呈小球状或豆瓣样，颜色浅白，黄豆大小。母乳的脂肪颗粒较小，容易消化，一般稍有奶瓣。如果母乳婴儿也有奶瓣，可能是母亲食用油腻及高蛋白的食物较多，建议母亲少食鱼汤，猪蹄汤等。如果婴儿发育都正常，食欲也正常无需用药。如果婴儿还有其他表现，吃奶不好或体重增长不良应该找保健人员或者就医。

## 212. 婴儿大便发绿或有泡沫怎么办？

一般婴儿大便因喂养方式不同而表现不同，一般大便呈黄色软便，如果大便粪质少，黏液多，深绿色，可能是喂奶量不够导致的饥饿性腹泻，应适当增加奶量。如果婴儿大便泡沫多，可能是因为母乳或配方奶中含糖分太多导致婴儿消化不良，此时母亲应限制摄取量和奶粉中加糖的量。

## 213. 婴儿用安抚奶嘴好吗？

安抚奶嘴几乎是每一个小婴儿必备的用品，大约有百分之八十的小婴儿至少持续使用过几个月以上。然而安抚奶嘴对孩子是好处多还是坏处多？始终是一个引人争论的问题，安抚奶嘴对孩子确实是有正面的作用，只要看孩子想睡而烦

躁不安时，塞入奶嘴就安静下来微笑入睡，任何照顾者，都要为安抚奶嘴鼓掌。归结奶嘴的好处包括：清洗容易，满足口欲，增加安

图 3-1　吸吮安抚奶嘴

全感，甚至有研究指出安抚奶嘴可以降低婴儿猝死的发生率。然而安抚奶嘴好用，为什么反对声浪未曾平息呢？问题出在使用的时间不宜太长。婴儿吸吮的生理需求在出生至六个月大的这段时间最强，此时依赖奶嘴可以理解。但是家长或婴儿如果习以为常，一路伴着长大，就可能造成负面的影响了。奶嘴坏处包括：增加口腔内念珠菌感染，促进龋齿细菌滋长、长期使用造成咬合不正，提高中耳炎的发生率等。综合正反两方的辩论，父母可以客观地找到使用安抚奶嘴的正确态度和方法。（见图3-1）

## 214. 如何为3个月的婴儿理发？

给3个月大的婴儿理发不容易，因为婴儿的颅骨较软，头皮柔嫩，理发时婴儿也不懂得配合，稍有不慎就可能弄伤婴儿的头皮。由于婴儿对细菌或病毒的感染抵抗力低，头皮的自卫能力不强，婴的头皮受伤之后，常会导致头皮发炎或形成毛囊炎，甚至影响头发的生长。因此为婴儿理发最好选择在婴儿睡眠时进行，以免婴儿乱动。

## 215. 婴儿什么时候枕枕头？

当婴儿3个月大的时候，随着身体的发育和成长，婴儿可以抬头，脊柱也开始向前自然生理弯曲，脊柱不再是直的了，同时随着躯体的发育，肩膀渐渐的变宽，为了能使睡眠时体位的合适，所以此时婴儿便要开始使用枕头了。

## 216. 如何为婴儿挑选枕头？

婴儿在3个月后开始用枕头，其高度大概在3～4厘米左右，婴儿枕头的选择要适合婴儿的身体，只有最适合的才是最好用的，婴儿枕头的高度应适度，长度应略大于婴儿的肩宽，宽度与头长相等，并根据婴儿不断的成长和发育的情况做适当的调整。由于婴儿的新陈代谢比较旺盛，头部的汗水较多，枕套最好用柔软的白色或浅色的棉布制作，枕芯要轻便、透气、吸湿性好、软硬适度，为了保证宝宝的健康，婴儿的枕头要定期的清洗和晾晒。

## 217. 婴儿的发质受什么影响？

婴儿头发的好坏与以下两方面因素有关。一是受遗传因素影响，一般来讲，父母头发好，则婴儿的头发也较好，父母头发差，婴儿头发也差。有许多婴儿的头发原来又黄又稀，但随着身体的发育和成长，头发也逐渐变得又黑又密，这些都与父母的遗传有一定关系。二是受婴儿后天身体健康状况的影响。当婴儿体质较差、营养不良，头发就可能变得稀疏而没有光泽。如果经过加强营养、增强体质或病后恢复很好，头发也就自然会长好。

**218.** 婴儿还未长牙，需要清洁口腔吗？

母乳或者配方奶中含有乳糖和碳水化合物，是细菌存活的能量来源，所以不要以为婴儿就不用清洁口腔，一般3个月的婴儿还未长牙，母亲可以使用纱布，或者市场上也有专门的指套也可以用来清洁牙齿。（见图3-2）

图3-2　指套

**219.** 母亲如何帮助婴儿清洁口腔？

母亲可以坐在椅子上，把婴儿抱在腿上，让婴儿的头稍微往后仰，用干净的纱布蘸清水轻轻擦拭婴儿牙龈。如果母亲觉得每天清理比较麻烦或担心操作不当损伤口腔黏膜，睡前可以给婴儿喂少许白开水也会有事半功倍的效果。（见图3-3，图3-4，图3-5，图3-6）

图3-3 指套擦牙方法　　　　图3-4 纱布擦牙方法

图3-5 一人擦牙方法　　　　图3-6 双人擦牙方法

### 220. 母亲乳头上出现奶疱怎么办?

奶疱是指乳头上一个发白的区域,一般在乳晕上出现的几率很少。乳头表皮封住了乳管口,乳管口里的乳汁引起发炎而导致发生奶疱,乳管系统排出乳汁障碍,因此,在闭塞处后面集聚的乳汁便可引起乳管堵塞的症状。发白的疼痛区域存在时间长短不同,可呈白色或黄色,在该区域旁或周围皮肤会发红,可以存在几天或者几周,随着患部皮肤的脱落而自然愈合。

### 221. 乳管堵塞后母亲应当如何自我护理?

乳管堵塞后母亲应当继续频繁哺乳,先从堵塞的乳房开始以促进排空;在喂奶前和喂奶时按摩堵塞乳房以刺激乳汁流动。一只手握成杯形支撑乳房并用力按摩，从乳房边缘开始，在宝宝吸吮时用大拇指促进乳汁流动。（另一选择是在冲澡或泡澡是按摩乳房，洗澡过后，试着用吸奶器设为抵挡吸出乳汁；俯身于一盆温水，将堵塞的乳房沉浸其中并轻轻按摩；在哺乳时改变宝宝的位置，确保所有乳窦和乳管的排空，至少使宝宝的鼻子对着堵塞乳管的地方；避免穿任何紧身衣着。

**222.** 母亲出现乳腺炎后应当如何自我护理？

治疗乳腺炎的方法与乳管堵塞方法类似，只是治疗要强化些。频繁喂奶，其余时间与婴儿一起同步休息，休息可以缓解压力，恢复免疫系统的正常运作。必要时要去医院看医生。

**223.** 为什么母亲在患有乳腺炎期间婴儿不爱吃奶了呢？

当母亲患有乳腺炎时，母亲体温升高，乳汁中的钠离子升高，会有一种咸味，影响宝宝的口感。不过有的婴儿根本不会在意。

**224.** 母亲乳头被念珠菌感染会是什么样？

母亲喂奶时经常说乳头疼痛，而且是在喂奶期间一直持续灼烧痛，可见乳头发红泛光，起屑脱皮，有散在的白斑，婴儿也经常哭闹不安，拒绝哺乳。

## 225. 母亲乳头被念珠菌感染后如何治疗和护理?

若只有乳头感染，大夫会开治疗乳头的抗菌药物。家中所有的玩具，安抚奶嘴等每日消毒。任何潮湿或接触到婴儿唾液或母乳的物品均可能滋生念珠球菌。以热的肥皂水清洗溢乳垫及尿布，洗衣服时添加漂白粉，之后用烘干机或在太阳光下晾干。洗手后使用一次性擦手纸。所有家庭成员一起接受各种念珠菌感染的治疗，包括阴道、胯下、手脚指甲和尿布疹等。

## 226. 念珠菌感染后会影响母乳喂养吗?

念珠菌感染治疗虽然有特效办法，有些药物也不影响母乳喂养，但是在哺乳期间还是存在困难，母亲忍受乳头的疼痛，婴儿也不舒服，拒绝吃奶，所以母亲要更加贴近宝宝，安抚宝宝。

## 227. 母亲在哺乳期间要做X线检查，乳汁会对婴儿有伤害吗?

不会，X线，甚至是乳腺钼靶，在哺乳期都是安全的。产生X射线的辐射对你的乳汁不会产生影响。

**228.** 母亲在哺乳期间做哪些检查时，需要暂停母乳喂养？

有些诊断性测试，例如骨扫描、甲状腺和肾检查，检查过程中会用到放射性化合物（放射性核素），所以医生会要求母亲停止哺乳一天左右。母亲可以咨询放射科医生，确定放射物质从体内清除所需要的时间。不同的放射性化合物清除速度不同。

**229.** 母亲在哺乳期间感冒了可以服用药物治疗吗？

哺乳期间妈妈可以遵医嘱服用常见的抗生素和各种处方及非处方感冒药，如果担心睡眠问题，可以使用含右美沙芬的止咳糖浆。尽量避免日服一次的长效药，最好选用日服三四次的短效药，每次都在喂奶后立即服用。新生儿哺乳期，应该避免使用磺胺类抗生素，因为新生儿的肝脏还不能充分地代谢磺胺。

**230.** 哺乳期间药品选择可参考的指标是什么？

孕期可服用的药物，哺乳期也安全；选择婴儿可以使用的药品；选择弱酸性，高蛋白质结合的药物；M/P率越小越不容易进入乳汁；分子量愈高（MW > 200）较不易进入乳汁；脂溶性较低的药品；药品的途径：吸入性或经皮吸收者较口服佳；药品的半衰期越短越好；避免使用多种药物；选用治疗疗程较短的药物。

## 231. 高热母亲急性疾病可以继续母乳喂养吗？

生病的母亲很少需要停止哺喂母乳。大多数的一般呼吸与胃肠道感染时，哺喂母乳不会增加婴儿生病的机会，母乳中的抗体可能是婴儿最好的保护。突然停止哺乳可能会造成乳房肿胀疼痛及发烧，以及婴儿哭闹。如果停止哺乳，疾病恢复之后婴儿有可能不吃母乳，奶水量可能减少。哺乳比喂配方奶省调配的时间，节省母亲精力。主要困难可能发生在母亲病重时，很难照顾自己的婴儿，这是就需要他人的照顾协助。

## 232. 给婴儿做抚触的注意事项有哪些？

为婴儿做抚触最好在两顿奶之间或沐浴后进行；室温26℃～28℃，轻音乐伴奏；从每次5分钟开始，以后逐渐增加到每次15～20分钟，每日1～2次；每个部位4～6次，小部位用指尖，大部位用手指和手掌；婴儿生病应暂停。

## 233. 婴儿3个月体检的项目有哪些？

婴儿体检时，医生会为婴儿测量头围、胸围、身高、体重。对婴儿进行视觉、听觉、触觉等测试。还要进行一些必要的检查项目，有无斜颈，淋巴结肿大的情况，要进行听诊（查看心跳是否规律以及有无杂音），检查婴儿有无疝气，阴囊有无水肿，外阴有无鼓起及分泌物，关节脱位情况。医生还会询问婴儿喂养方法，吃奶量，断奶时间，辅食添加情况及相关问题。

## 234. 婴儿体检前要做哪些准备?

日常生活中，母亲最好记录婴儿的喂养和辅食添加情况，记录婴儿体格发育情况，如婴儿会笑的时间，抬头的时间，发声的时间，伸手抓玩具的时间。如果婴儿有异常情况，要记录发生时间、部位和变化等，写出要咨询的问题，以便医生做出准确的判断。

## 235. 接种疫苗是越多越好吗?

现在市场上疫苗品种名目繁多，分为两类，一类疫苗是国家免费疫苗，所预防的传染病是各地区普遍流行的疾病，这是属于婴幼儿必须接种的疫苗。二类疫苗则遵循自愿原则，是否需要接种自费疫苗应视具体情况而定，疫苗打得太多可能引起免疫超强，即体内的免疫平衡被打破了，反而容易造成一些副反应。

## 236. 为什么自费疫苗需谨慎选择?

若选择打自费疫苗首先应考虑孩子的体质,如果孩子不是体弱多病,选择一类疫苗完全可以了;对于7个月以上,患有哮喘、先天性心脏病、慢性肾炎等疾病或抵抗能力较差的宝宝,应考虑接种流感疫苗,肺炎疫苗。

## 237. 什么是百白破疫苗?

百日咳、白喉、破伤风混合疫苗简称百白破疫苗,用于预防百日咳、白喉、破伤风三种疾病。接种对象是3个月到6岁的儿童。一般3 ~ 12个月完成3针,两针间隔是4 ~ 6周,18 ~ 24个月可加强注射第四针。

## 238. 3个月的婴儿接种什么疫苗?

满3个月要打百白破疫苗和脊髓灰质炎疫苗。这是两种一类疫苗。有进口和自费两种。 满2个月的婴儿要接种脊髓灰质炎疫苗,免费的是脊髓灰质炎减毒活疫苗(糖丸)简称OPV,自费的是脊髓灰质炎灭活疫苗简称IPV,或者更好的五联疫苗包含百白破疫苗,脊髓灰质炎灭活疫苗,HIB(B型流感嗜血杆菌疫苗)这3针合1针。预防百日咳,白喉,破伤风,脊髓灰质炎(小儿麻痹症),B型流感嗜血杆菌这5种病。也就是说3选1,OPV,IPV或者五联疫苗,家长可以根据婴

儿的情况自行选择。

## 239. 什么情况下不能接种百白破疫苗?

有癫痫、神经系统疾患及抽风史者禁用;急性传染病（包括恢复期）及发热者暂缓注射;儿童免疫制剂,成人禁用。发高烧,患有心血管系统、肝脏、肾脏病者禁用;患有进行性痉挛或神经系统可能有问题者禁用;正在使用肾上腺皮质激素或抗癌药物治疗者禁用。

## 240. 接种疫苗后会有什么反应?

接种疫苗后局部可出现红肿、疼痛、发痒或有低热、疲倦头痛等。一般不需特殊处理即自行消退。偶见过敏性皮疹、血管性水肿;无菌性化脓,多系注射过浅或疫苗未摇匀,硬结不能吸收而形成注射部位化脓;若全身反应较重,应及时到医院进行诊治。

## 241. 家长如何证实卡介苗接种成功?

卡介苗接种是否成功,需要在接种后3～4个月,到当地结核病防治所做一个结核菌素试验,皮试3天后看结果,如果阳性说明接种成功。

## 242. 接种卡介苗部位红肿怎么办？

接种卡介苗后1个月左右，在接种部位可出现红肿硬结，硬结中间逐渐软化形成白色小脓疱，脓疱破溃结痂，痂脱落后留下小疤痕，这一过程一般持续8～12周，属正常反应。如果由于不小心将小脓疱弄破，可局部用75％酒精擦拭，以后在洗澡时尽量不要弄湿，如弄湿，也可用酒精消毒。

## 243. 自费的肺炎疫苗需要接种吗？

自费的肺炎疫苗是七价肺炎疫苗（商品名叫沛儿），这个疫苗是纯进口疫苗，针对2岁以下的儿童，在我国是2008年以后批准上市的，所以家长对它比较陌生，但是价格比较贵，七价就是预防儿童常见的肺炎球菌中的七个血清型，也就是除了这七种以外，对病毒、支原体、衣原体等引起的小儿肺炎是不能预防的，但是这七种血清型是最常见的小儿肺炎类型，覆盖率达85％以上，家长可以根据婴儿的体质进行选择。

## 244. 3个月的婴儿适合做什么游戏？

当婴儿能抬头、抬胸后，帮助婴儿从仰卧翻到侧卧再翻到俯卧，将一些婴儿喜欢的玩具放在他必须经过翻身才能够到的地方，鼓励婴儿努力向左或右翻身取到玩具，每天可练习多次。刚学翻身时可用手轻推婴儿的背部，并让他最终能取到玩具，使他体会到成功翻身的乐趣。还有蹬脚游戏，母亲可以准备一个一碰就响的玩具放在婴儿脚可以触到的地方，引起婴儿的注意和刺激脚步的感觉，当婴儿的脚碰到玩具时，玩具的响声将会引起婴儿的兴趣，然后会主动蹬脚。母亲配合婴儿移动玩具的位置，让婴儿每次蹬脚都能碰到玩具，每次成功后可以拥抱或亲吻婴儿以表示鼓励。

**245.** **婴儿不会说话，她什么时候能听懂父母说话呢？**

虽然婴儿还不能完全听懂大人的话，可是即使是刚出生的婴儿也能判断出语言包含的感情。虽然算不上理解，但是称为感受。母亲笑语盈盈，婴儿能感受开心、舒服；如果母亲恶语相加，婴儿也会感受到恐惧和不舒服。（见图3-7）

图3-7　3个月婴儿和母亲情感交流

**246.** **怎样培养3个月婴儿的发音能力？**

随着婴儿各种感觉器官的成熟，婴儿对外界刺激的反应越来越多，愉快情绪也逐渐增加。3个月的婴儿在发音和语言能力上有了一定的发展，逗他（她）时会非常高兴并发出欢快的笑声，当看到妈妈时，脸上会露出甜蜜的微笑，嘴里还会不断地发出咿呀的学语声，似乎在向妈妈说着知心话。所以父母应该和婴儿多交流。有时婴儿哭个不停，哭泣时，可以轻轻抱起婴儿，用手指在他（她）嘴上轻拍，让他（她）发出"哇、哇、哇"的声音，也可以将婴儿的手放在母亲的嘴上，拍出"哇、哇、哇"的声音。这些都可以作为婴儿发音的基本训练，使婴儿感受多种声音、语调，促进婴儿对语言的感知能力。

## 247. 什么是婴儿湿疹?

婴儿湿疹是婴儿过敏的主要表现，湿疹大多数发生在出生后1～3个月，6个月后逐渐减轻。好发于头面部，如脸、脑门、头皮、眼眉等处，严重时蔓延至下巴、脖子、肩、背、臀、四肢等。

## 248. 湿疹都与什么因素有关?

婴儿有过敏性家族史；摄入易过敏食物；母亲食用乳、蛋、海鲜、花生等坚果易引发过敏的食物；室温过高、衣被过厚、出汗多；化纤羊毛类衣服、洗浴用品刺激等因素。

## 249. 婴儿出现下列哪些症状时要怀疑过敏?

皮肤症状：湿疹、荨麻疹、唇周水肿等。胃肠道症状：持续呕吐、腹泻、血便、便秘、无故拒奶等；呼吸道症状：

气喘、频繁咳嗽、流涕等；全身症状：烦躁不安、频繁哭闹、生长发育迟缓。当婴儿出现过敏症状时要积极寻找过敏原，回避过敏原刺激。严重时要到专科门诊就诊。

### 250. 婴儿湿疹常发生在什么年龄?

婴儿湿疹首次发病通常在3个月至2岁之间，以后，随着年龄的渐渐增长，病情会逐渐好转。

### 251. 婴儿湿疹和过敏有关系吗?

婴儿湿疹与皮肤过敏有关，在护理时，应避免用肥皂等刺激性的物品涂于患处。提倡纯母乳喂养，若婴儿是配方奶喂养，婴儿对蛋白过敏的，应用水解蛋白奶粉或者早些添加辅食以减少奶量。在添加辅食过程中晚添加鸡蛋，海鲜等高蛋白食品。

### 252. 如何护理患湿疹的婴儿?

在护理湿疹婴儿时，给婴儿洗澡时，避免用肥皂；洗澡后，在婴儿皮肤患处涂些止痒的药膏；给婴儿穿纯棉质衣服，防止皮肤过敏；剪短婴儿指甲，防止他搔抓患区皮肤；寻找引起过敏的原因，常见的过敏原有乳制品，动物毛，羊毛衫，洗衣粉等。

# 4 个月

## 253. 4个月的婴儿体格发育的正常值应该是多少?

男婴身高平均为63.7厘米左右。女婴身高平均为62.0厘米。男婴体重平均为6.70千克左右。女婴体重平均为6.0千克左右。牙齿0 ~ 2颗。

## 254. 4个月的婴儿运动能力有哪些发展?

4个月的婴儿做动作的姿势较以前熟练了,而且能够呈对称性。将婴儿抱在怀里时,他的头能稳稳地竖起来。卧位时,能把头抬起和肩胛呈90°。仰卧时,婴儿会把双脚高高举起,有时婴儿又会把双脚交叉起来,来回搓蹭自己的小脚丫,而且小手也不闲着,会一伸一伸地去抓自己的小脚趾头,有的婴儿还喜欢吃自己的脚趾头。这个月龄的婴儿大部分都会自己翻身,有一部分还需要父母的帮助才能完全翻过去。如果父母扶住婴儿的腋下,让婴儿站立时,婴儿也能支撑自己身体部分的体重,也稍微能控制住身体的摆动。

## 255. 4个月的婴儿精细运动能力有哪些发展?

4个月的婴儿拿东西时,拇指较以前灵活多了。手的活动范围也扩大了,婴儿的两手能在胸前握在一起,经常把手放在眼前,这只手拿着那只手玩,那只手拿着这只手玩。握物时,不再显得笨拙,而是大拇指和其他四指对握,抓得比较牢。

## 256. 4个月的婴儿视觉发育有什么进展?

随着婴儿的生长发育，视黄斑区细胞逐渐增多，眼肌调节机制的完善化，婴儿视力迅速提高，到4个月时已能看清近在眼前和远在室内他处的人物。研究证明，婴儿有辨别颜色及亮度的能力。视线灵活，能从一个物体转移到另外一个物体。头眼协调能力好，两眼随移动的物体从一侧到另一侧，移动180度，能追视物体，如小球从手中滑落掉在地上，他会用眼睛去寻找。

## 257. 4个月的婴儿听觉发育有什么进展?

4个月的婴儿其听觉能力有了很大发展，已经能集中注意倾听音乐，并且对柔和动听的音乐声表现出愉快的情绪，而对强烈的声音表示出不快。听见母亲说话声音就高兴起来，并且开始发出一些声音，似乎是回答母亲的回答。叫他的名字已有应答的表示。能欣赏玩具中发出的声音。

## 258. 4个月的婴儿语言发展有哪些进展?

4个月的婴儿，嘴里发出的不再只是简单的几个元音了。当婴儿发现了有趣的游戏时，脸上笑着，双手拍打着，嘴里咕噜咕噜地，故意发出很大的声音。婴儿还可以经常变换音区，有时用紧闭的嘴唇挤压气流，发出"wu"、"fu"、等音;

有时嘴唇一张一合地又发出"pu"的声音。

## 259. 4个月的婴儿情绪有哪些进展?

4个月后,随着婴儿智力的发育,婴儿对看过的东西多少有点记忆,由于母亲或其他亲近的人反复在婴儿的眼前出现,这张面孔就作为同一图谱不断地传入婴儿大脑而留下印象,当熟悉的面孔出现时,婴儿就会认得这熟悉的面孔,这样就产生了最初的记忆。能够区别父母和别人,对母亲的依恋也愈来愈强,知道母亲就要给他喂奶或抱他(她)玩,因而表现出欣喜的表情,做出"认人"的表现。

## 260. 4个月的婴儿大脑皮层发育进展的特点是什么?

自3～4个月开始,婴儿不但能形成兴奋性条件反射,而且亦可形成抑制性条件发射,这意味着婴儿大脑皮层鉴别功能的开始。随着月龄的增长,条件发射形成的会越来越快,越来越稳定。但每个婴儿有很大的个体差异性,因婴儿的年龄,健康情况及个体神经特性而有所不同。

## 261. 4个月的婴儿如何喂养?

一般而言,不管是纯母乳喂养还是人工喂养,每次喂奶量大约150～180毫升,每日饮奶量约为600～800毫升,不要超过1000毫升。其实婴儿的吃奶量很多时候是与多方面有关的，和婴儿的成长情况更是息息相关，所以对于婴儿吃奶量的具体值，还是要根据婴儿的各方面指标来确定。

## 262. 什么是厌奶？

有的婴儿在3个月前一直很喜欢吃奶，但不知从哪天起突然不爱喝了，这使家长有些发懵。婴儿出生后4个月时，奶的摄取量大，体重持续上升，进入第4个月后，大部分婴儿会变得不爱吃奶，这种现象叫做厌奶。

## 263. 为什么婴儿会出现厌奶的症状？

婴儿出现厌奶会有很多原因，比如母亲乳房有异味，或者突然转变喂养方式，母亲在喂养时拿奶瓶的角度不当或奶嘴不当。这些原因都是可以处理的，如果上述都没有问题的话，就考虑这是婴儿自身发展的要求。其实，婴儿在满4个月以前，虽然喝了大量的牛奶，但是无法有效地吸收牛奶中的蛋白质。过了3个月以后，婴儿吸收蛋白质的能力增强，消化吸收的情况顺利，所以多出的养分会变成脂肪存于体内，因此身体会逐渐发胖。如果摄取了过多的牛奶，婴儿的肝脏和肾脏的负担过重，日久恐会导致机能失调。这对婴儿来说，是属于一种内部器官的自卫性反应，并不算是疾病。那些长期过量喝牛奶的婴儿，其肝脏及肾脏非常疲惫，最后会导致"罢工"，以厌食牛奶的方式体现出来。这也是婴儿为了预防肥胖症，而采取的自卫行动。据统计显示，这类婴儿的发育状况，绝大多数符合标准，身体也没有任何异状。这只是婴儿身体功能不适应奶粉的一种反应而已，并不是什么疾病。

## 264. 婴儿出现厌奶期应该怎么办？

刚开始时，婴儿或许一天只能喝100毫升或200毫升牛奶，母亲不要为此而担心，因为婴儿自己会根据自身的消化能力进食，从而使肝脏及肾脏得到充分的休息。母亲也可以适当添加辅食，10多天之后或许有好转。然而，过度漠视这种生理现象也有可能造成不良后果，如果家长一直强逼婴儿喝奶，不做适当调整的话，恐怕会使婴儿极端地讨厌吃奶。因此，母亲应体谅婴儿的心理变化。

## 265. 下列哪种现象提示有视觉障碍的可能？

婴儿不注视母亲；眼球不断摆动；对鲜艳颜色注视短暂；对小物品无兴趣；4个月仍不看自己的手；眼球震颤，斜视。

## 266. 婴儿肥胖有什么不好？

胖的婴儿由于背负着多余的脂肪，动作迟缓，站立行走时间也较其他婴儿晚。所以，尽管婴儿爱喝奶，每天的总量也应控制在1000毫升以内。为了将婴儿每天的喝奶量，控制在1000毫升之内，大食量的婴儿，可适当减少奶量。

## 267. 6个月纯母乳喂养的理由是什么？

6个月以前，婴儿的肠道系统还没有发育完善，有些消化酶还没有充分的发展。引起婴儿过敏、哮喘、呼吸道疾病的风险增加。纯母乳喂养的婴儿前6个月没必要添加额外的营养。

## 268. 为什么人工喂养的婴儿更容易缺铁？

等到婴儿4个月以后，有些母亲认为乳汁已经没有营养了，而且储存铁在这时候已经被全部消耗，所以好多母亲都及早给婴儿添加辅食，医生告诉我们，足月儿的铁储存足够使用6个月，而且母乳中的铁的吸收率可达49%，还有乳糖和维生素C帮助吸收，而牛奶中铁的吸收率仅为10%，配方奶中铁的吸收率甚至低于4%，所以人工喂养的婴儿更容易缺铁。

## 269. 过早添加辅食对母乳喂养有哪些危害？

婴儿不足6个月添加辅食会减少母亲的泌乳量，缩短母乳喂养的持续时间，过早添加辅食会缩短产妇不孕的持续时间。

## 270. 过早添加辅食对婴儿的危害有哪些?

婴儿不足 6 个月添加辅食，会增加婴儿过敏、哮喘和特异性疾病的风险；增加腹泻疾病、呼吸系统疾病和中耳炎的风险。

## 271. 婴儿一般什么时候出牙?

人的一生会有两副牙齿，即乳牙（20 个）和恒牙（32 个），出生的时候颌骨中已经有骨化的乳牙牙孢，但是没有萌出，一般出生后 4～6 个月乳牙开始萌出，有的婴儿会到 10 个月，这都是正常的，12 个月还没有出牙视为异常，最晚婴儿两岁半的时候 20 颗乳牙会出齐。

## 272. 婴儿出牙的顺序是什么?

婴儿出牙基本上会有一定的规律，一般是下颌早于上颌，由前往后的原则，最先萌出的一般是下牙的门齿，它的名字是下中切牙，然后是上中切牙，以后挨着中间的门齿会左右长出一颗颗稚嫩的小牙。20 个乳牙的萌出是有顺序的，虽然不一定一成不变，但是也可以作为参照的依据，原则上是左右对称，其中上下颚的第一臼齿，和上下颚犬齿的萌牙时间则约略相当。

| | 牙齿名称 | 萌出时间 | 萌出顺序 |
|---|---|---|---|
| | 中切牙 | 7.5个月 | 2 |
| | 侧切牙 | 9个月 | 3 |
| 上颌 | 尖牙 | 18个月 | 8 |
| | 第一乳磨牙 | 14个月 | 6 |
| | 第二乳磨牙 | 24个月 | 10 |
| | 中切牙 | 6个月 | 1 |
| | 侧切牙 | 10个月 | 4 |
| 下颌 | 尖牙 | 16个月 | 7 |
| | 第一乳磨牙 | 12个月 | 5 |
| | 第二乳磨牙 | 20个月 | 9 |

## 273. 婴儿萌出乳牙时会疼吗?

婴儿长牙时，会出现一些自然的反应，出牙一般是不疼的，但有少数婴儿会有低热、流口水、爱吃手、较烦躁、情绪不安、在吃奶时喜欢咬奶头或奶嘴、食欲不振等现象。

## 274. 婴儿出牙前牙龈痒怎么办?

牙齿萌出时对牙龈神经造成刺激，会有些不适，等牙齿都长出来，这些症状就会消失，不过可采用一些小办法来缓解：每天用纱布蘸点凉水擦拭牙龈，如果是夏天，可以用棉纱布包一小块冰块给婴儿冷敷一下，能够暂时缓解长牙带来的不适。可以买一些牙胶或磨牙棒之类的产品让宝宝咬，一来可以缓解不适，二来还能训练婴儿的咀嚼能力，一举两得。

因为牙龈不适，婴儿可能会咬嘴唇和舌头，不但会咬伤自己，还会影响牙齿的生长，引起龅牙。家长应多留心婴儿的一举一动，一旦发现婴儿咬嘴唇就要及时制止。

## 275. 婴儿经常流口水正常吗？

这是一种正常现象，家长不用担心。等到一周岁左右，随婴儿口腔深度增加，吞咽功能完善，会慢慢消失，不过这个时期的护理工作还是必不可少：唾液对皮肤有一定刺激作用，用柔软的棉布及时帮婴儿擦干净口水，擦的时候动作一定要轻柔，否则容易擦破皮肤引起感染。用小围嘴围在脖子上接纳婴儿流的口水，以免口水弄湿衣服。如果流口水的地方有发红现象，可涂抹点收敛作用的药膏，如果皮肤已经有点溃烂，则不宜自己用药，一定要去医院看医生。

## 276. 家长经常搂着婴儿睡觉，这样有好处吗？

有些家长爱子心切，喜欢紧紧搂着孩子睡觉。但这么一来，被搂着的孩子便呼吸不到足够的新鲜空气，吸入更多的是家长呼出的废气，对婴儿的生长和健康都很不利，同时还可能被家长的疾患传染到。此外，搂着婴儿睡还会使其自由活动的空间受到限制，甚至难以伸展四肢，使婴儿的血液循环和生长发育都受到负面影响。

## 277. 为什么不宜让婴儿俯睡?

一些家长喜欢让婴儿俯睡，还误认为这种睡姿可以让婴儿睡得安稳，少了哭闹，但实际上这种睡姿不安全。如果家里的婴儿喜欢趴着睡，最好时不时来查看下婴儿的情况。因为趴着睡时，婴儿的口鼻等呼吸器官受阻塞，容易呼吸不畅，甚至导致猝死。同时这种睡姿还可能使得肠胃等消化器官受体重的压迫而引发消化不良。

## 278. 母亲患有糖尿病适宜母乳喂养吗?

母乳喂养可以缓解母亲精神上的压力，哺乳时分泌泌乳素可以让母亲更放松、并有嗜睡感；哺乳时分泌的激素以分泌乳汁所消耗的额外热量，会减少母亲治疗所需要的胰岛素剂量；母乳喂养能够有效地缓解糖尿病的各种症状，许多母亲在哺乳期间病情部分或者全部好转；母乳喂养会较少婴儿成年后患糖尿病的风险；糖尿病患者易感染各种病菌，母乳喂养期间要格外注意监测血糖水平，注意个人卫生、保护乳头不受感染。

## 279. 母亲在服用降糖药期间有哪些注意事项?

母乳喂养时，降糖药需要谨慎使用。曾有人使用后，引起严重的不可恢复的新生儿低血糖。如果需要使用这些药物，最好能在良好的母乳喂养情况下，与父母和新生儿科专家讨论后，在监测新生儿血糖的情况下谨慎使用。

## 280. 母亲需要放射性 $^{131}$ I 治疗时，应该怎么办？

母亲需要放射性 $^{131}$ I 治疗时，应该暂停母乳喂养，定时挤奶丢弃，以免乳房肿胀。疗程结束后，检验乳汁中放射性物质的水平，达到正常后可以继续母乳喂养。

## 281. 母亲患有严重的心脏病、心功能 Ⅲ ~ Ⅳ 级，适宜母乳喂养吗？

如果母亲患有严重的心脏病，哺乳可能会增加母亲的负担，导致病情的恶化。

## 282. 患有甲型肝炎的母亲可以母乳喂养吗？

甲型肝炎一般发病急，经粪-口途径传播。患甲肝的母亲急性期在隔离时，应暂停母乳喂养，可以挤奶保持泌乳。婴儿可以接种免疫球蛋白，待隔离期过后仍可继续母乳喂养，并从母乳中获得免疫抗体。

## 283. 患有丙型肝炎的母亲可以母乳喂养吗？

在患有慢性丙型肝炎母乳的样本当中可以检测到丙型肝

炎的RNA，但是没有证据表明母乳喂养能够传染HCV，而且研究也发现母乳喂养的宝宝和人工喂养的宝宝总体比较感染HCV的几率是相同的，所以建议妈妈可以继续母乳喂养。但是母亲乳头上有皲裂或是伤口的时候，可能会有通过创面传染HCV的风险，但是没有证据证明。

### 284. 在哺乳期感染风疹病毒的母亲可以母乳喂养吗？

目前，美国儿科医学会规定：如果哺乳期妈妈感染风疹病毒，需要马上接种风疹病毒的减活疫苗，只要在注射疫苗之后，可以继续母乳喂养，不需要停止。

### 285. 母亲感染巨细胞病毒可以母乳喂养吗？

巨细胞病毒是一种常见的感染，可在人类乳汁、生殖道、尿道和咽喉中发现，并通过任何的密切接触传播。和其他疱疹病毒一样，它可以在宿主细胞中无期限的存在，呈潜伏的状态存在身体当中。母乳喂养是一个重要的传递被动免疫CMV的手段，虽然母乳传播CMV已经被记录在案，但在未来母乳喂养的宝宝在继发性感染时发病轻或无，如果是个女宝宝，她在未来怀孕期间感染的风险就会明显降低，降低对胎儿损伤的程度，所以应该母乳喂养。而对于早产儿，特别是如果他们血清反应是阴性的，一旦感染CMV，就会有严重发病的风险。

## 286. 母亲感染单纯疱疹病毒可以母乳喂养吗？

母亲感染单纯疱疹病毒后，无论是直接喂食或是挤出喂食，只要不接触到皮肤破损处仍可以喂食母乳（母乳的抗体可以保护婴儿）。当结痂干燥时，仍须注意：接触婴儿前及碰到结痂处均要洗手，可以用纱布遮盖结痂处。

## 287. 母亲感染水痘可以母乳喂养吗？

如果母亲在分娩前几天患了水痘，或者产后48小时内感染水痘病毒，她应该延迟母乳喂养，并使用吸奶器保持哺乳期的奶量，采用穿戴防护服，手套和面罩等预防接触感染的措施。分娩后，如果新生儿没有出现病变，母亲和婴儿应尽快彼此隔离，并且及早出院。应保护好婴儿避免与母亲皮肤病变直接接触。如果宝宝有病变，可以与母亲隔离，并可不间断母乳喂养。应尽早使用水痘带状疱疹免疫球蛋白，以减缓和防止疾病症状的进一步发展，不管母亲在怀孕期间是否已经用过它。

## 288. 母亲在结核病活动期，可以母乳喂养吗？

结核病可以通过密切接触传播。对母亲有开放性结核者应予隔离，进行抗结核药物规范化治疗。

**289.** 母亲曾经患过结核病，已治愈，现在可以母乳喂养吗？

母亲曾经患过结核病，已治愈，可以母乳喂养。

**290.** 分娩前已确诊为活动性肺结核的母亲，婴儿出生后可以母乳喂养吗？

分娩前已确诊为活动性肺结核的母亲，在进行抗结核药物规范治疗2个月或更长时间后，分娩前进行痰涂片试验阴性，婴儿出生后接种了卡介苗，可以进行母乳喂养。分娩前痰涂片为阳性的母亲，要进行抗结核病规范化治疗，新生儿出生后不主张接种卡介苗，给予异烟肼预防治疗6个月。6个月后停异烟肼再注射卡介苗。此期间仍可以母乳喂养。

**291.** 人类免疫缺陷病毒（HIV）阳性的母亲可以母乳喂养吗？

对HIV阳性的母亲，我国提倡的婴儿喂养策略是：提倡人工喂养，避免母乳喂养，杜绝混合喂养（母乳喂养和给予母乳代用品）。

**292.** 母亲在哺乳期间乳汁分泌为什么会突然减少？

任何影响身体的激素发生变化，都会影响到泌乳情况。

引起月经的激素会让母亲感到焦躁不安，会暂时性的减少泌乳量。

## 293. 婴儿为什么夏天容易起痱子？

痱子是由汗孔阻塞引起的，多发生在颈、胸背、肘窝、腘窝等部位，小孩可发生在头部、前额等处。初起时皮肤发红，然后出现针头大小的红色丘疹或丘疱疹，密集成片，其中有些丘疹呈脓性。生了痱子后剧痒、疼痛，有时还会有一阵阵热辣的灼痛等表现。

## 294. 婴儿生了痱子怎么办？

婴儿活动多，易出汗，前胸后背和颈部容易起痱子，应常给婴儿洗澡，勤换衣服，保持皮肤清洁干燥。洗澡最好用温水，洗澡时不要用肥皂，以减少刺激。如一定要用，可选择碱性小的肥皂。如在洗澡水中加几滴花露水效果会更好。

## 295. 怎样为婴儿测量体温？

父母在为婴儿测量体温时应避开洗澡后，进食后，哭闹后，户外活动后半小时，为婴儿解开衣扣，如果腋下有汗液拭干汗液，将体温计水银端放于腋窝深处紧贴皮肤，夹紧体温计。10分钟后取出，读取度数。

## 296. 婴儿发热应如何护理?

婴儿发热时要保证开窗通风,避免对流风;婴儿发热时,胃肠蠕动减弱,影响消化吸收,又由于发热使皮肤出汗增多,容易导致缺水,所以,要多给婴儿喂温开水;婴儿发热时,口腔黏膜干燥,口腔内食物残渣容易发酵,有利于细菌繁殖,极易引起口腔黏膜溃疡。所以每餐后要喂少许温开水;婴儿在退热过程中会大量出汗,要及时擦干汗液,更换衣服。

## 297. 常用的降温方法是什么?

对于高热的婴儿,应根据不同年龄,及时采取降温措施,以减轻症状,减少机体损耗,防止病情发展。一般的降温方法是采用物理降温,它通过体表散热来达到降温。如冷敷,酒精擦浴,温水浴等。药物降温,家中可备少量退烧药,如婴儿体温发热超过38.5℃时,可按医嘱给婴儿服用退烧片,6小时重复一次。采用降温措施后,应隔30 ~ 60分钟为孩子测量一次体温,以观察效果。

## 298. 温水擦浴的方法是什么?

家长可以准备一条小毛巾用温水(32℃~ 34℃)浸湿后拧干,为婴儿擦浴。这样可以使身体内热量通过水传导发散。擦干时,可同时采用按摩法刺激血管扩张,从而促进热量的散发。

## 299. 什么是热性惊厥?

少数婴儿由于体温急速升高引起惊厥,意识丧失,并出现不能控制的抽搐。这就是热性惊厥。在你家中如果有热性惊厥的发病倾向,当婴儿生病时,要尽可能把他的体温控制到较低。按照上述的降温方法,设法不要让婴儿的体温升高到38.5℃以上。

## 300. 为什么婴儿容易发生热性惊厥?

婴儿生长发育快,尤其婴儿的中枢神经发展迅速,条件反射不断形成,但大脑皮质功能还未成熟,不能耐受高热、毒素或其他不良刺激,所以容易发生惊厥等神经症状。

## 301. 婴儿发生热性惊厥时怎样护理?

婴儿在家中发生热性惊厥时,家长应让婴儿侧卧位,松解领带,裤带,减少不必要的刺激至惊厥止,然后马上送医院。

## 302. 家长如何给婴儿滴鼻药?

家长可以让婴儿取仰卧位,把枕头垫于肩下,使头略向后垂,使鼻孔向上。将鼻管吸满药水,在距离鼻孔2～3厘米处缓缓滴入。每个鼻孔滴2～3滴。滴药水后不要立即抬头,应静卧3 ~ 5分钟。药水有苦味，滴入鼻腔后不要通过咽喉部，使婴儿口腔内感觉到苦味，所以滴鼻药后用清水漱口。

## 303. 什么是中耳炎?

中耳炎是婴儿患耳病中比较常见的一种疾病，婴儿患中耳炎，通常是由连接耳与咽喉的管道感染播散到中耳所引起的。婴儿的耳咽管很短很狭窄，容易感染扩散。

## 304. 中耳炎的症状有哪些?

婴儿患了中耳炎由于不会说话，就表现为大声哭闹，用力拉病耳；病耳疼痛得厉害，影响睡眠，会有高热，寒颤，头痛的表现，严重患儿会从耳内流出渗出物。

## 305. 如果发现外耳道有渗出物，可以擦掉吗?

如果发现婴儿外耳道有渗出物，不要擦掉它或探查婴儿的耳朵，只要在耳外面放一条清洁的手帕。鼓励婴儿耳朝下侧卧，使得渗出物能够流出。

## 306. 怎么给婴儿清洗耳道?

患中耳炎的婴儿耳道内常有脓液或脓性分泌物，应先用棉签蘸3%双氧水，伸入耳内轻轻转动清洗，此时可有白色泡沫出现。如耳内脓性分泌物较多,可反复清洗几次。最后用干棉签将耳内泡沫样液体吸干净,然后滴耳药。

## 307. 怎么给婴儿滴耳药?

给婴儿滴耳药水时,由父母中一人抱着,另一人右手拿耳药水,左手将婴儿耳垂往下拉,然后将药水缓缓滴入耳道。婴儿每次1～2滴,滴耳药时应注意不要将滴管触及婴儿外壁,以免污染。药水滴入后,可用手指轻轻按压耳屏片刻,促使药水深入骨膜区。

## 308. 给婴儿喂药应注意什么?

父母在给婴儿喂药期间要严格按照医生嘱咐用药;切忌捏住婴儿的双侧鼻孔喂药,给婴儿喂药时耐心做好说服工作,让婴儿在宽松的气氛中服药;任何中西药物不得与食物混合喂服;油类药物用滴管直接滴入口中。婴儿如有牙齿就不要用玻璃滴管;如果在喂药过程中婴儿感到恶心,应暂停给药可轻拍婴儿的背部,转移其注意力,待好转后再喂药。

## 309. 为什么从婴儿一出生就需要为婴儿制定口腔保健计划?

从婴儿一出生开始,家长就要给婴儿制定一个口腔保健计划,如果家长口腔内有龋齿,通过口对口的亲密接触,会导致致龋菌的垂直传播，婴儿长牙后，致龋菌就可以定植在的婴儿牙面上，致龋菌在婴儿口腔中定值的越早，将来婴儿发生龋齿的危险性就越大，所以婴儿在出生后未长牙之前就要进行第一次的口腔检查，婴儿及家长进行患龋危险性评估，婴儿长牙后每6个月进行口腔检查及患龋危险性评估，家长要了解婴幼儿口腔保健知识，掌握正确的婴幼儿口腔护理方法，预防和延迟致龋菌在母婴间的传播，从小为婴儿养成良好的口腔卫生及饮食习惯。

## 310. 为什么不可以用嘴尝试婴儿奶或食物的温度？

家长用嘴尝试奶或食物的温度，可以把家长口腔中的致龋菌直接或间接传播给宝宝，婴儿长牙后致龋菌在口腔中定植的越早越容易发生龋齿。

## 311. 婴儿进食后需要喝水吗？

在每次给婴儿喂完奶或吃完辅食后，都要给婴儿喝几口温开水，清洗掉口内残留的食物残渣，并随着婴儿一天天的长大，逐渐让婴儿养成饭后漱口的习惯。

## 312. 婴儿第一次口腔检查时间在什么时候？

家长应该在婴儿长第一颗牙齿到一周岁之间带婴儿去做第一次口腔检查，婴幼儿接受早期的口腔检查和评估，家长获得预防口腔疾病的知识及婴幼儿口腔护理技能，以后每 3～6 个月定期检查。

## 313. 孕妇龋齿会导致婴儿龋齿吗?

有研究表明，孕妇龋齿若未经治疗和控制，导致龋齿的变链菌通过母婴传播从妈妈口腔传播到婴儿口腔中，婴儿患龋齿的可能性会大大增加，而且致龋菌在婴儿口腔中定值的越早，婴儿患龋的年龄就越早，也越严重。

## 314. 婴儿为什么会得龋病?

龋病俗称"虫牙"，它是牙齿表面的细菌在作怪，我们每个人口腔都存在细菌，大量细菌堆积起来混杂着其代谢产物和唾液中一些黏性成分在牙齿表面形成了一层菌斑，菌斑中的细菌以糖为养料繁殖，产生酸，侵蚀牙齿使之脱矿，时间长了，牙上就会变成棕褐色甚至是黑色的牙体缺损，尤其是乳牙对这种侵蚀的抵抗力弱，更容易患龋齿。

## 315. 为什么婴儿乳牙龋齿会影响恒牙的发育?

每一个乳牙下面都有一颗恒牙胚在发育，乳牙龋病进一步发展到牙髓炎和根尖周炎，可能会波及乳牙下方的恒牙胚，造成对应恒牙发育障碍。

## 316. 龋齿会影响婴儿说话吗?

婴幼儿时期是孩子学说话的重要时期,在婴儿3个月的时候就可以发出"a、o、e"的单元音了,6个月的时候可以发出两个重复的音节,比如"哒哒、妈妈、巴巴",健康的乳牙有助于婴儿正确发音。

## 317. 乳牙发生龋齿对恒牙有哪方面影响?

健康的乳牙有利于位于它们下面的恒牙的正常发育和萌出,乳牙龋坏严重导致的根尖病变会使恒牙发育不良或萌出障碍,乳牙因龋病而过早缺失,会引起恒牙排列不齐。

## 318. 母乳喂养对婴儿面部发育有什么影响?

0 ~ 6个月提倡纯母乳喂养,因为母乳是婴儿最好的、天然的理想食品,其所含的各种营养物质及较多的酶和抗体最适合婴儿的消化吸收和抵御疾病,同时经过不断的吸吮运动有助于面部正常发育。

## 319. 4个月的婴儿应该接种什么疫苗?

出生4个月宝宝应接种百白破疫苗(第二剂)。

## 320. 接种疫苗后可以剧烈活动吗？

疫苗接种的副反应一般发生在接种后48小时之内，而大多数发生在接种当天。接种疫苗后，小儿即使不出现明显的发烧等症状。一些小儿也会出现爱哭闹、不爱吃饭等表现。这时家长就不要带小儿到太远的地方玩耍，不要让小儿玩得太疯，要适当注意休息，避免剧烈活动，夏季适当多饮水，保证身体有一个合适的内环境，以减少接种反应的发生。

## 321. 4个月的婴儿都有哪些情绪？

从第三个月开始，婴儿的情绪反映逐渐丰富，到了第四个月时，就开始有了欲望、喜悦、厌恶、愤怒、惊骇和烦闷六种情绪反应。其中，表现最突出的就是微笑。微笑即是婴儿身体处于舒适状态的生理反应，也是表示婴儿的一种心理需求。从这个月开始，婴儿对父母情感的需要，甚至超过了饮食。如果父母对婴儿以哼唱歌曲等形式加以爱抚，婴儿或许会破涕为笑。所以，家长应时刻从环境、衣被、生活习惯、玩具、轻音乐等方面加以调节，注意改善婴儿的情绪。

## 322. 4个月时家长如何训练婴儿说话？

训练婴儿语言能力的首要一点，就是要创造良好的语言氛围，家长要养成与婴儿说话的习惯，让婴儿有自言自语或与父母咿咿呀呀"交谈"的机会。和婴儿说话时，要见到什么说什么，干什么讲什么，而且语言要规范简洁。虽然婴儿不会重复你所说的任何话语，但婴儿会注意倾听，并会把你的话储存在大脑里，而且婴儿也越来越善于表达自己，甚至会用高兴的尖叫或咯咯的笑声来表达自己的快乐。

## 323. 如何训练婴儿翻身？

训练时，父母可以先让婴儿仰卧在硬一点的床上，衣服不要穿得太厚，以免影响婴儿的动作。再把婴儿的左腿放在右腿上，以你的左手握婴儿的左手，让婴儿仰卧，以你的右手指轻轻刺激婴儿的背部，使婴儿自己向右翻身，直至翻到侧卧位时为止。也可以在婴儿的一侧放一个色彩鲜艳的玩具，逗引婴儿翻身去取。每次数分钟，逐渐达到自己会翻。

## 324. 4个月的婴儿在户外多长时间合适？

从第四个月开始，可以适当增加婴儿户外锻炼的时间，每天可控制在3个小时左右。户外活动时衣着不宜过多，有的父母总担心婴儿受凉，每次外出时给婴儿穿上大衣，戴上帽

图4-1 户外活动

子、口罩、围巾等，全身捂得严严实实。这样做的结果，会使婴儿的身体无法接触空气和阳光，如果婴儿变得弱不禁风，反而容易受凉生病，就达不到户外锻炼的目的了。（见图4-1）

## 325. 4个月的婴儿睡眠时间有多长?

从第四个月开始，婴儿白天睡的时间比以前缩短了，而晚上睡得比较香，有的婴儿甚至一觉睡到天亮。一般每天总共需睡15～16个小时左右。由于婴儿在睡眠时间上的差异较大，大部分的婴儿上午和下午各睡2个小时，然后晚上8点左右入睡，夜里只起夜1～2次。

## 326. 4个月的婴儿大便有什么改变?

婴儿刚出生时，大便次数比较多，而且难以掌握规律。等到了3～4个月时，每天的大便次数基本保持在1～2次，而且时间也基本固定。所以，从第四个月开始，就可以按照婴儿自己的排便规律，培养他（她）按时大便的习惯了。

## 327. 4个月的婴儿喜欢和母亲做什么游戏?

4个月的婴儿喜欢照镜子，母亲可以抱着婴儿在镜子前做各种表情，如高兴地开口笑，皱眉或瞪眼发怒。这些表情，边做边说"妈妈很高兴"，"妈妈生气了"，让孩子逐渐分辨这些表情，并喜欢看镜子中的妈妈。

## 328. 4个月的婴儿喜欢玩什么玩具?

4个月的婴儿比较喜欢有响声的，色彩鲜艳的玩具，家长可以将玩具吊挂在小床上方接近孩子胸前，能够到的地方（距脸部20～30厘米左右），先握住婴儿的手帮他用手摸、拍、抓玩具，再鼓励孩子主动拍玩具。手眼协调活动将促进婴儿大脑皮层感觉中枢与运动中枢协调能力的发展。

## 329. 什么是哮喘?

哮喘是支气管痉挛引起的疾病。此病反复发作，造成呼吸困难。哮喘病儿大多有过敏体质或家族史，如父母或家族中其他成员有哮喘，湿疹或过敏性鼻炎，其婴儿患哮喘的可能性就大。

## 330. 哮喘有哪些症状?

婴儿哮喘时会有喘鸣音及气喘，发作时加剧；严重哮喘发作时呼吸困难，不能平卧并有窒息的感觉，皮肤苍白，出汗，口唇周围紫绀。

### 331. 婴儿发作哮喘时怎样进行家庭护理?

婴儿哮喘发作时,家长要保持平静,如果以前有发作过,此时把以前医生开的药物再给他吃,这样做如果无效,应立即送医院就诊。可以让婴儿坐在你的大腿上并使他稍稍向前倾斜,这样呼吸会舒服些,不要把婴儿抱得太紧,让他处于最舒适的体位。

### 332. 什么是尿布疹?

尿布疹是婴儿臀部皮肤的一种炎症。如果婴儿被脏尿布包裹的时间太长就可能患上此病。因为婴儿皮肤娇嫩,尿液与粪便会刺激并损伤其皮肤。造成尿布疹的另一个原因可能是对肥皂过敏。

### 333. 尿布疹的特点是什么?

在婴儿臀部尿布区的皮肤上有红色的,多斑点的皮疹。如果已经有感染,应及时带婴儿去看医生。

### 334. 在家中怎样护理患尿布疹的婴儿?

家长应按医生指示买尿布疹药膏,在给婴儿更换尿布时使用,她对婴儿的皮肤有治疗的作用。经常更换婴儿的尿布,每次换尿布时要彻底地清洁并晾干婴儿的臀部。任何时候只要可能就让婴儿躺在尿布上，使其臀部暴露于空气中。尿布外面不要用胶垫或塑料垫，因为它会阻挡婴儿臀部的空气流通。不要用含有生物性的洗涤剂或衣物柔顺剂洗尿布，因为这些物品会引起过敏，要彻底地把尿布清洗干净。

## 335. 什么是先天性斜颈?

先天性斜颈与胎位不正有关，多见于臀位产的婴儿。典型的症状为头颈歪向有病的一侧，而脸部转向对侧并微微后仰。有的婴儿在出生后2周左右，一侧颈部出现无痛性肿块，6个月左右消失。多数婴儿在一侧颈部可见挛缩的胸锁乳突肌紧张如索状，突于皮下。

## 336. 婴儿斜颈应如何治疗?

婴儿斜颈越早治疗，效果越好。1岁以内以推拿治疗为主，1岁以后应采用手术治疗。

# 5 个月

### 337. 5个月婴儿体格发育的正常值是什么?

男婴身高平均为65.9厘米左右,正常范围61.7 ～ 70.1厘米。女婴身高平均为64.0厘米左右,正常范围:59.6 ～ 68.5厘米。男婴体重平均为7.5千克左右,正常范围6.0 ～ 9.3千克。女婴体重平均为6.9千克左右,正常范围:5.4 ～ 8.8千克,牙齿平均0 ～ 2颗。

### 338. 5个月婴儿运动能力有哪些进展?

婴儿趴着时,两只手可以支撑起身体,而且可以较长时间的抬起头,家长扶住婴儿的腰部,可以勉强做一会,但不能独坐。这个时期的婴儿醒着的时候就会一直活动,总想翻身。所以家长要给婴儿穿轻薄的衣服。

### 339. 5个月婴儿精细运动能力有哪些进展?

用手和身体能够着眼前的玩具,偶尔能抓住胸前的玩具,喜欢用手敲东西,用手拍或脚踢玩具。抓着东西就往嘴里放,被阻止后仍放在嘴里。

### 340. 5个月婴儿视力发育有哪些进展?

当婴儿面前滚着一个皮球时,5个月的婴儿就会盯着皮球，皮球滚到哪，婴儿的视线就会追逐到哪。如果婴儿面前放一面镜子，婴儿看到镜子中的自己，误以为是自己的小伙伴，就会张开手去抱抱，露出开心的表情。

## 341. 5个月婴儿听力发育有哪些进展？

家长发现当婴儿啼哭的时候，如果放一段音乐，有的婴儿就会停止哭泣，扭头去寻找音乐发出的地方，并集中注意力倾听。听到柔和动听的曲子时，会发出咯咯的笑声，而且嘴里发应和声。如果听到刺耳嘈杂的声音，婴儿就会露出惊恐的面容，并啼哭起来。

## 342. 婴儿语言发育受哪些因素影响？

婴儿语言受气质，活动度和母亲育儿能力的影响。据研究者观察，婴儿5个月时能对母亲说话注意，预示着3岁语言理解能力的提高。此外，婴儿的咿呀发音有地区性差异，说明语言也受环境及传统的影响。

## 343. 如何教婴儿学说话？

母亲们可以抱婴儿看桌上或悬挂的日常用品（如灯，杯子等）或身体部位（如眼、鼻等），重复说该物品名称；或当听到婴儿自发说mama或baba时，就及时应答或指着爸爸，如此反复，婴儿就能有意识地叫爸爸、妈妈。

### 344. 5～6个月的婴儿可以发出哪些音？

这个年龄段的婴儿可以连续发音，指多音节发音阶段，婴儿能够连续重复地发音，是发音活跃期。这个阶段开始主动地用发音引起成人的注意，并能通过发音与成人进行有往来的"交流"。如da-da，ba-ba，ma-ma。

### 345. 哪些现象提示婴儿可能有听觉障碍？

婴儿不因雷鸣及巨响惊吓（哭，惊跳）；母亲走近时无喜悦表示；少学说话；咬音不清。

### 346. 5个月的婴儿应该如何喂养？

母乳喂养的婴儿要按需哺乳；配方奶喂养婴儿每天不超过1000毫升，每次不超过200毫升为宜。吃配方奶粉的婴儿每日吃奶次数要根据宝宝的体重进行调整。

### 347. 如何为婴儿选择围嘴？

5个月的婴儿会经常流口水，为了保护婴儿的颈部和胸部不被唾液弄湿，可以给婴儿戴个围嘴。这样不仅可以让婴儿感觉舒适，而且还可以减少换衣服的次数。围嘴可以到婴儿用品商店去买，也可以用吸水性强的棉布、薄绒布或毛巾布自己制作。值得注意的是，不要为了省事而选用塑料及橡胶制成的围嘴，这种围嘴虽然不怕湿，但对婴儿的下巴和手都会产生不良影响。婴儿的围嘴要勤换洗，换下的围嘴每次清洗后要用开水烫一下，最好能在太阳下晒干备用。

### 348. 5个月的婴儿手眼可以协调了吗?

现在的婴儿，能用眼睛观察周围的物体了，而且对什么都感到新奇好玩，能在眼睛的支配下抓住东西，而且准确率很高。婴儿会把抓住的东西，翻过来倒过去地玩弄着，同时还目不转睛地看着，甚至还把东西从一只手转到另一只手上，有时又抬起小手把东西放到嘴边啃一啃，然后再拿下来看一看，好像在研究什么。

### 349. 5个月的婴儿有记忆力了吗?

5个月的婴儿，只要一看到爸爸妈妈或者奶瓶，就眉开眼笑，手脚快活地舞动；如果婴儿看到陌生人或者曾经有过的惊吓情景，就会因害怕而啼哭。这一切说明，婴儿已经有了自己的记忆。婴儿产生这种现象的原因，是由于爸爸妈妈和奶瓶在婴儿眼前出现频率最多，而且也给婴儿带来了欢乐和满足，所以婴儿对他（它）们记忆深刻，一看见就高兴；而对陌生人，婴儿因没有记忆而害怕；对惊吓的情景，婴儿因头脑中已经存储了曾经受到惊吓的记忆，所以才啼哭。而且婴儿的记忆还明显地带着情感色彩，凡是亲切的面孔、色彩鲜艳或活动的事物，都能引起婴儿强烈的情绪，而容易记住并保持下来；对于引起强烈的消极情绪的事物，如害怕、委屈、痛苦等，也容易被婴儿记住；而对于平淡、枯燥的事物婴儿则往往不容易记住。

## 350. 铅暴露对婴儿的危害有哪些?

铅暴露使儿童智商及听力降低。使用含铅汽油的汽车，有色金属矿区及炼厂区，采煤区及室内烧煤均造成铅污染，使婴儿血铅增高。

## 351. 噪音污染对婴儿的危害有哪些?

环境噪音可以干扰婴儿的选择性注意，因而影响长大后学习。持久在高噪音环境中生活则听力下降。曾有报道，高噪音（机场附近）可引起烦躁易怒和轻度忧郁。

## 352. 为什么早产儿出生后生长速度快?

追赶生长是2岁前小儿的正常现象。出生时体重较低的早产儿，有一部分是因为母体的原因阻碍胎儿的生长，在出生后，为了接近遗传所确定的轨道，就要追赶生长以回到正常的范围之内。

## 353. 为什么要重视对婴儿的生长发育监测?

追赶生长的最佳时期是生后第一年,尤其是前半年,婴儿由于疾病或激素缺乏造成生长障碍,则治疗开始的越早,追赶生长的效果越好,最大限度地发挥遗传所赋予的生长潜能。

## 354. 什么是追赶生长?

人类生长具有轨迹现象,在正常环境下,健康儿童的生长是沿着自身的特定轨道向遗传所确定的目标前进。当营养不良,疾病或激素缺乏时,儿童的生长就会逐渐偏离其生长轨道,生长落后,一旦这些阻碍生长的因素去除,儿童将以超过相应年龄正常的速度加速生长,以恢复到原有的生长轨道上。

## 355. 母亲月经复潮对母乳喂养有什么影响?

月经复潮对乳母乳汁的影响各人不同,一般在经期内所分泌的乳汁略有变化,其所含脂肪略减少而蛋白质增高。哺乳婴儿有时出现消化不良,经期过后乳汁又恢复正常,月经恢复过早,母乳量容易减少,婴儿哺乳频繁有刺激泌乳量增加的作用,又可以预防月经过早来潮。

## 356. 什么是断乳？

断乳一般指断去母乳喂哺，而非指断去一切乳制品。母乳喂养婴儿随月龄增长，逐渐添加其他食物，减少哺乳量和喂哺次数，最后完全断去母乳，过渡到幼儿的混合膳食，这个过程称为断乳。

## 357. 职场母亲背奶要有哪些准备？

母亲要提前跟婴儿"解释"所有即将发生的变化。特别小的婴儿会以为，妈妈上班了，就永远都不回来了，这会让婴儿特别焦虑。其实婴儿只是不会表达，他们都听得懂。母亲在喂奶时，多跟婴儿交流，如告诉婴儿："妈妈天亮的时候上班，天黑就回来了。"而且一定要说到做到。要让婴儿感受到：即使妈妈不在，妈妈的爱仍然在。选择合适的挤奶方式，或手挤，或者使用吸奶器。不管母亲选择什么方式挤奶，都需要先刺激奶阵，乳汁才能顺利流出。带着婴儿的照片、视频，和同事边聊天边挤奶，闭上眼睛，不要总盯着奶瓶上的刻度等方式，都可以让母亲挤奶时心情放松。为了保鲜，还需要准备一个冰包。

### 358. 在单位挤出的奶水该如何储存？奶水储存多久还能保证给婴儿喝不变质？

在上下班的路上可以把挤出的奶水放在冰包中。（冰包内放蓝冰。蓝冰需要头一天晚上在冰箱里冷冻六个小时以上）。在单位，母亲可以把冰包直接放在冰箱的冷藏室，或者将挤出的奶水储存在冰箱的冷藏室，回到家里冷藏或冷冻。奶水的储存时间取决于储存温度。

| 储存方式和温度 | 最长储存时间 |
| --- | --- |
| 室温（25℃） | 4小时 |
| 冷藏室（4℃） | 48小时 |
| 放入冷藏室内解冻的母乳 | 24小时 |
| 冷冻（－20℃） | 3～6个月 |

### 359. 母亲上班了，婴儿是否需要使用奶瓶？

3个月以上的婴儿，如果接受，可以使用奶瓶，但照顾者应该将婴儿抱在怀中给婴儿喂奶，而且奶嘴不宜过大，要警惕过度喂养。如果婴儿拒绝使用奶瓶，短期内还可以有更多选择，比如小杯子、小勺子，大一点时可以用吸管杯等。要注意婴儿是否有明显的分离焦虑。有的时候婴儿拒绝使用奶瓶，不是婴儿不会使用奶瓶，而是婴儿认为是奶瓶让母亲消失的，所以拒绝使用。

## 360. 婴儿拒绝奶瓶怎么办?

有些纯母乳喂养的婴儿由于某种原因需要长期使用奶瓶喂养时,可能会遭到婴儿的拒绝。开始婴儿可能会因拒绝配方奶而饿1 ~ 2顿,如果此时怕饿坏婴儿而妥协,将前功尽弃,只要坚持一下,婴儿将很快接受配方奶。换乳时应从少量开始逐步增加到替换1次母乳,随后逐渐以配方奶完全替代母乳。特别是由母亲喂时,婴儿更不能接受,这可能是因为婴儿将母亲与母乳联系起来所致。此时最好由父亲或其他家庭成员喂孩子,而且母亲不要待在孩子房间里。更换配方奶喂养期间,母亲应经常拥抱、抚摸孩子,减少婴儿焦虑不安。

## 361. 工作很忙,有时甚至没时间挤奶,担心奶量变少怎么办?

母亲重返职场后,压力增加、身体疲惫、喝水过少,可能会导致奶量下降,这需要母亲用良好的心态调整应对,放松心情并坚持定时、规律地挤奶,回家后坚持亲自喂养,奶量自然会回升。有时乳房不胀不等于没有乳汁,当母亲的产奶量和婴儿的需求互相适应后,之前的胀感自然会消失,婴儿仍然可以吃到奶。

## 362. 家里人总要给婴儿加奶粉，母亲该怎么办？

奶粉厂商每年投入大量金钱做广告，让人们错误地认为奶粉更有营养。母亲要充分了解母乳知识，并充满自信，明白你的坚持是对的。你需要和其他母乳妈妈一起，尽可能争取更多的支持，确保每天的挤奶时间不被打扰。

## 363. 母亲需要出差，还能继续母乳喂养吗？该怎么做？

当然能。首先你可以考虑是否能带婴儿一起出差，这样不仅能满足婴儿对母乳的需求，也能满足心理需求。如果不能带婴儿同行，需要提前多挤出一些母乳进行冷藏或冷冻存储。婴儿有了口粮，母亲出差期间也可以放心，同时在出差期间坚持每天挤奶，有助于保持奶量。有条件的话，挤出的奶可以保存起来，带回家给婴儿喝。

## 364. 乳管堵塞和乳腺炎的易感因素有哪些？

压力和疲倦；乳头裂缝或裂伤；堵塞或闭塞的乳管；产奶量大和或喂奶次数减少；涨奶和乳汁淤积；创伤；紧身衣的束缚或睡眠位置。

**365.** 为什么5～6个月婴儿的母亲更容易发生乳腺炎?

我国妇女产假一般是5～6个月,从这时候起母亲要重返职场开始工作,由于工作压力、疲惫,背奶环境不佳等问题往往会影响到母亲情绪,此外,还有饮食,挤奶时间等一系列问题,所以这个时候的母亲更容易发生乳腺炎。

**366.** 怎样才能预防乳腺炎的发生呢?

注意要让婴儿使用正确的衔乳方式,让婴儿的鼻头正对着乳房,就像我们吃饭要对着饭碗,而且要让婴儿含住大部分乳晕,而不仅仅是奶头,这样不容易造成乳头皲裂。母亲平时也不要穿过紧的衣服,乳房受压容易造成乳汁淤积。另外,有的母亲喂奶时老担心乳房捂住了孩子的鼻子,老用手压着乳房和孩子鼻子接触的位置,反而容易导致那个位置乳腺导管堵塞。要按需喂养,孩子想吃就喂,或者有涨奶的感觉就让孩子吸或者挤出来。每次尽量排空乳房,不要觉得孩子吃不了就存着,只有排空了乳汁才会重新分泌,母乳其实越吸越有。

**367.** 如果得了乳腺炎、感冒等疾病,是否需要暂停喂奶?

哺乳期妈妈也会得一些常见病,比如上呼吸道感染、乳腺炎、肠胃炎。患病之后有的母亲为了怕影响婴儿吃奶就硬扛着不吃药，有的又认为得病期间哺乳不安全暂停了哺乳。其实这些都是不必要的。当你看病时和医生说明你需要继续哺乳，医生会为你选择哺乳期安全用药的。

## 368. 职场妈妈，你知道这些吗?

世界母乳喂养联盟（WABA）提出，促进母乳喂养的三个要素：时间、空间、支持是确保哺乳期女职工成功母乳喂养的三个要素。

（1）对哺乳未满1周岁婴儿的女职工，单位不得延长劳动时间或安排夜班；用人单位应当在每天的劳动时间内为哺乳期女职工安排1小时哺乳时间；女职工生育多胞胎的，每多哺乳1个婴儿，每天增加1小时哺乳时间；与用人单位协商，采取方便哺乳或挤奶的弹性工作时间，比如半天工作、延长午餐时间和增加工间休息、与同事分担工作等。

（2）女职工较多的用人单位，应当根据女职工的需求，建立女职工卫生室、孕妇休息室、哺乳室等设施，妥善解决女职工在生理卫生、哺乳方面的困难；倡导公共场所设立哺乳室，并配有用于挤奶和存奶的私密设施；用人单位应遵守女职工在经期、孕期、哺乳期禁止从事的劳动范围的规定，并采取措施改善女职工劳动安全卫生条件。

（3）告知我国《女职工劳动保护特别规定》的信息，鼓励用人单位提供更优的生育保护福利；了解女性在孕期和哺乳期的健康状况，使他们更好地兼顾工作与母乳喂养和育儿的需要；用人单位不得因女职工怀孕、生育、哺乳降低其工资、予以辞退、与其解除劳动或者聘用合同。

### 369. 母亲月经来潮还应继续母乳喂养吗？

月经初期也会暂时改变母乳的味道，只是婴儿不会注意，或是注意到了也不在意。月经结束后，母乳就会恢复正常。婴儿会觉得不满足，母亲就会想到断奶或是人工喂养，特别是这段时间里，容易焦躁，也不如平时自信。所以，只要母亲坚持到月经结束，一切很快就会恢复正常。

### 370. 婴儿在断奶后，母亲还可能重新哺乳吗？

在婴儿三个月以内断奶后再哺乳更容易成功。婴儿三个月后，也可能成功，但婴儿越大，母亲就越难制造出足够的乳汁，完全满足他的营养需求。让婴儿吸吮母亲的乳房，就可以再次分泌乳汁了，乳汁的多少以及需要多久取决于婴儿吸吮乳房的次数，已断奶的时间以及婴儿自身身体的反应。

### 371. 手挤母乳的方法是什么？

彻底洗净双手；坐或站均可，以自己感到舒适为准；刺激射乳反射；母亲的姿势应前倾，将准备好的容器靠近乳房；在距乳头根部2厘米的乳晕周围，用拇指及食指向胸壁方向轻轻挤压和放松，手指不能在皮肤上滑动，注意挤压不可太深，否则将引起乳腺导管阻塞；沿乳头依次挤压所有的乳窦；反复一压一放，依各个方向按照同样方法挤压乳晕，要做到使乳房内每一个乳窦的乳汁都被挤出；不要挤压乳头，因为挤压乳头不会出奶；一侧乳房至少挤压 3 ~ 5 分钟，待乳汁少了，再挤压另一侧乳房，如此反复数次。

### 372. 如何建立射乳反射?

母亲在哺乳前或挤奶时可以喝一些热的饮料、牛奶、汤类，为自己创造一个良好的氛围和心情；不要喝咖啡、浓茶等刺激性饮料；热敷乳房；按摩后背或者听些舒缓的音乐。

### 373. 母乳储存袋怎么用?

拿出一张储奶袋，不用消毒，把袋口打开，把奶水倒入或者挤进去，不要装得太满，以防止冷冻结冰而胀破。最好按婴儿每次吃奶的量，把母乳分成小份。然后把其中的空气排出，接着沿着锁口按压直到把袋子封死。最后用笔在上面写上日期和时间，方便使用且不浪费。

### 374. 母乳的解冻方法是什么?

将冰冻好的母乳解冻，这里面也有不少需要注意的问题。可以将母乳直接放入解冻室，但这可能需要几个小时的解冻时间，最好前一天晚上就将第二天需要用的准备好。可以放入盛有温水的碗中慢慢化冻，当温水变凉后，将其倒掉，重新替换温水，直到母乳解冻。最快的解冻方法则是开着水龙头用流动的温水冲。

### 375. 母乳解冻的注意事项有哪些?

母乳解冻时，记得根据当时标注的日期，选择存放时间最久的那部分。切记不要使用微波炉解冻母乳，因为过高的温度可能使母乳中的部分营养成分遭到破坏。另外，微波炉加热不够均匀，过热的部分可能会烫伤宝宝的嘴唇和喉咙。不要将母乳放入热水壶中加热，这会使温度过高，甚至煮沸，将严重破坏营养成分。

### 376. 解冻奶的喂养要点是什么?

在冷藏室解冻（没有加热过的奶水），放在室温下4小时内就可以饮用。如果在冰箱外用温水解冻过的奶水，在喂食的那一餐过程中可以放在室温中，而没用完的部分可以放回冷藏室，在4小时内仍可以使用，但不能再放回冷冻室。

### 377. 让婴儿独睡的原因是什么?

父母通常是与孩子同睡，觉得这样婴儿较有安全感，也较不会对幻想的事物感到恐惧、或有梦魇与夜惊的睡眠问题等；但是，国外文献却明确显示与父母同睡的孩子，容易造成睡眠问题的比例偏高。如何及早训练孩子能独自面对自己的睡眠，应是每一位父母必需正视的课题。

## 378. 婴儿独睡有哪些好处?

有些父母虽已为婴儿准备好属于自己的小床，但迟迟没有让婴儿自己睡，原因在不习惯跟婴儿分开睡，而担心婴儿独睡的种种问题，例如饿了、哭了、甚至不呼吸了。但需要理解的是，父母与孩子同睡一张床，其实很容易降低彼此的睡眠质量。因此，父母应该先给自己充分信心，相信婴儿随着成长、脑部功能的成熟，可以有能力独自在夜间入睡。应该透彻理解睡眠对于婴儿生长发育的重要影响，切实从小为婴儿建立良好的睡眠习惯，但同时也要了解常见的婴幼儿睡眠困扰，以及寻求医疗协助的时机。

## 379. 5个月的婴儿睡眠时间大约是多长?

5个月宝宝每一个晚上的平均睡眠时间大约11个小时。通常白天上午和下午各有一次小睡，每次大约1～2个小时。

## 380. 如何培养婴儿良好的睡眠习惯?

培养规律的睡眠：时间规律的睡眠时间可以帮助婴幼儿培养生理时钟，减少睡前哭闹、或因精力过于充沛而无法入睡的情况发生；建立良好的睡眠步骤：于睡前进行3～4种舒服且安静的步骤，如：沐浴、按摩、睡前讲故事、换上睡衣、唱首儿歌等，可有助于婴儿培养睡时情绪，减少入睡所需的时间，并且睡得更安稳；学习自我独自睡眠：将婴儿在有睡意却还没入睡前就将婴儿置于床上，目的是使他独自入眠、使其建立自我安抚、睡眠的能力。如此一来，若非因尿布湿、疾病等因素，发生夜间惊醒的情况，婴儿就应有再次独自入眠的能力。更可增加婴儿将来独自面对及解决问题的能力，建立孩子独立自主的性格。

## 381. 5个月的婴儿睡眠时应注意哪些？

当婴儿在床上的时候，不管婴儿是睡觉还是醒着，周围都要整理干净，特别是那些可能被婴儿吞咽的危险物品，如别针、纽扣、缝衣针、硬币、安眠药、打火机等，决不能放在婴儿身边，如果家长暂时使用的物品，用完后必须从婴儿身边拿走。因为有些如圆纽扣等比较小的东西即使被婴儿吞进胃里，由于婴儿基本上没有痛感而不能及时察觉，有时直到几天后随大便自然排出后家长才会发现。还有安眠药片、香烟头之类更是危险之物，稍有不慎就会发生危险。

## 382. 5个月的婴儿如何注意出牙期的口腔卫生？

在婴儿出牙期间，父母随时将婴儿吮咬的奶头、玩具等物品清洗干净，婴儿的小手勤用水清洗、勤剪指甲，以免婴儿啃咬小手引起牙龈发炎。另外，刚萌出的乳牙牙根还没有发育完全，很容易发生龋病（虫牙），因此，在牙齿开始萌出后也应做好口腔卫生，预防龋病和其他牙病。

## 383. 5个月的婴儿如何清洁牙齿?

为保持婴儿在牙齿萌出期间口腔卫生，母亲应在每次哺乳或喂婴儿食物后，用纱布缠在手指上帮助婴儿擦洗牙龈和刚刚露出的小牙。牙齿萌出后，也可继续用这种方法对萌出的乳牙从唇面（牙齿的外侧）到舌面（牙齿的里面）轻轻擦洗揉搓、对牙龈轻轻按摩。同时，应注意每次进食后都要给婴儿喂点温开水，以起到冲洗口腔的作用。

## 384. 5个月的婴儿经常咬母亲的乳头怎么办?

啃咬，是婴儿出牙最大的特点，就是啃咬东西。咬自己的手，咬妈妈的乳头，可以说，只要看见什么东西，就拿来放到嘴里啃咬一下。目的就是想借啃咬的施力，来减轻牙床下长牙的压力。首先要确保母亲哺乳的姿势，婴儿要含乳姿势正确，含着母亲的乳晕而不是乳头，这样就可以减少母亲被咬的机会。母亲也可以在每次喂奶前用冰一点的小纱布给婴儿按摩牙龈，减轻他出牙的痛苦。在平时的时候，咬嚼可以减低牙床的疼痛，尤其是咬嚼冰冷的东西。父母可以把凉一点的香蕉、胡萝卜，苹果，还有消过毒的、凹凸不平的橡皮牙环或橡皮玩具等，让婴儿咬个够。但不管让婴儿咬什么，都必须是在婴儿坐立的情况下，并有大人在旁看护才行，以

免发生危险。

### 385. 婴儿5个月应该接种什么疫苗?

出生5个月宝宝应接种百白破疫苗（第三剂）。

### 386. 哪些药物会影响疫苗接种后效果?

多数疾病和药物对疫苗的效果没有太大影响。但是激素类药物对疫苗的效果会有影响，但如果出现过敏性接种反应，有时需要用氢化可的松或地塞米松抢救治疗，在这种情况下也就不要因为怕影响疫苗效果而不去使用。

### 387. 家长如何引导5个月的婴儿学说话?

家长可以面对婴儿，张大嘴发出"啊——啊"、"呜——呜"等重复、连续的音节，让婴儿模仿。只要婴儿模仿就应给予表扬和鼓励，强化婴儿的行为。与婴儿在一起时，经常称呼婴儿的名字，如："妈妈给希希穿衣服"，"这是希希的玩具"等，使她逐渐熟悉自己的名字。还可试着离开孩子视线呼唤他的名字，看孩子是否寻找，并及时给予鼓励。

### 388. 5个月的婴儿可以做什么游戏?

"藏猫猫"是这个月婴儿最爱玩的游戏之一。先将婴儿的脸用手或围巾盖住，说"猫——"，让婴儿试着抓下来，婴儿熟练这种玩法后，再将母亲的头用围巾盖住，然后掀起来说"猫——"，婴儿熟悉后，可让婴儿自己试着掀开围巾。通过玩这个游戏，让婴儿逐渐体会到离开视线的物体依然存在，同时使婴儿感到快乐。（见图5-1，图5-2）

图5-1　5个月婴儿抬头　　　　　图5-2　藏猫猫

## 389. 5个月的婴儿为什么喜欢坐着玩？

　　坐位比卧位视野开阔，头可自由转动，利于婴儿听和看周围的事物；解放了婴儿的双手，便于用双手操作、把玩物品；同时可锻炼腰、背肌。母亲可以抱着婴儿在桌前坐下，使婴儿的双臂能方便地在桌上抓取物品。在桌子上放不同形状、不同大小的物品，让婴儿练习伸手取物。当婴儿能双手各抓一个玩具时，教他将玩具从一只手传到另一只手。目的是促进手和上肢肌肉的发育和协调。

## 390. 5个月的婴儿为什么喜欢有响声的玩具?

当玩具发出声响,孩子会感到惊喜。给孩子听优美的音乐,使孩子喜欢听悦耳的声音,保持孩子心情愉快,培养他听力集中及对声音的反应。

## 391. 什么是呆小病?

呆小病又称"克汀病"。是一种先天甲状腺发育不全或功能低下造成幼儿发育障碍的代谢性疾病。主要表现为生长发育过程明显受到阻滞,特别是骨骼系统和神经系统。

## 392. 呆小病一般什么时候可以发现,如何治疗?

呆小病患儿出生时身高、体重等可无明显异常,至3 ~ 6个月时,则出现明显症状,如身材矮小,智力低下,听力异常等症状。在出生3个月左右可以明确诊断,并在医生指导下开始补充甲状腺素,可以使患儿基本正常发育。

## 393. 呆小病早期治疗的重要性是什么?

有些发育落后的疾病如呆小病,应在婴儿期用甲状腺素治疗,才能保证智力的良好发育,过晚治疗不仅身长得不到满意的生长,智力亦不易改进。

### 394. 家庭使用热水袋的注意事项是什么?

在家中给婴儿使用热水袋时,热水袋外面最好套上一只布套;热水袋放置于婴儿的脚后或身旁,不要直接贴近婴儿皮肤,要保持一定的距离;在使用热水袋的过程中要时时注意观察婴儿皮肤有无发红,热敷时间不能超过半小时,以免烫伤。

### 395. 空调房间里如何给婴儿保暖?

在春秋交际处,室内温度太低,可以适当开空调调节室内温度,一般控制在22℃～24℃之间较合适。婴儿不要对着空调器。婴儿应盖毛巾被或薄被,衣服不要穿得太多或太少。室内要保持空气新鲜,每天至少开窗通风1～2次。在通风时,要注意婴儿的保暖,避免对流风,防止婴儿着凉。

### 396. 婴儿咳嗽的常见原因有哪些?

婴儿咳嗽是一种保护性动作,婴儿咳嗽的原因有很多,最常见的是呼吸道感染引起的咳嗽和过敏性咳嗽,其次是肺部或全身其他脏器病变引起的咳嗽。

### 397. 婴儿咳嗽时如何家庭护理?

婴儿咳嗽,要针对原发疾病进行治疗。家庭护理时,要保持室内空气清洁，新鲜。父母要让婴儿多饮水，多休息，并吃富有营养而易消化的饮食。如果是上呼吸道感染引起的咳嗽，可适当服用一些止咳祛痰的药物。如婴儿服药3天仍无好转，应去医院看医生。

**398.** 婴儿鼻出血的原因有哪些?

鼻出血在医学上称为鼻衄，鼻部受到外伤，用力挖鼻，异物进入鼻腔或过分擤鼻涕，都会引起鼻出血，也可因血液病，维生素k或维生素C缺乏引起鼻出血；鼻部本身的血管异常也可能会导致鼻出血。若婴儿经常鼻出血，且出血量大，出血不止，父母应带婴儿去医院做鼻腔检查，确诊病因。

**399.** 如何避免婴儿鼻出血?

婴儿鼻腔内分泌物较多时，不要用力擤鼻涕，或用尖锐的物品挖鼻子，因为婴儿的鼻黏膜非常脆弱，很容易造成毛细血管破裂而引起鼻出血。

**400.** 上呼吸道感染都包括哪些疾病?

上呼吸道感染包括急性鼻咽炎，急性喉炎，急性扁桃体炎。这些炎症多由病毒或细菌感染引起，容易传染。

### 401. 轻微的上呼吸道感染有哪些表现?

轻微的上呼吸道感染一般表现为:流涕,鼻塞,咳嗽,发热,咽喉部不适,一般几天内可自然痊愈。

### 402. 严重的上呼吸道感染有哪些表现?

严重的上呼吸道感染表现为高热,寒颤,头痛,乏力,食欲差,颈部淋巴结肿大。急性鼻咽炎,严重时会波及中耳,引起中耳炎,症状表现为耳后压痛,高热,耳道有分泌物。

### 403. 什么是"小肠气"?

斜疝即平日所说的"小肠气",是非常多见的疾病,可发生在任何年龄段的儿童。症状是孩子哭吵,活动后腹股沟处出现一个肿块,平卧后或早上起床后可消失,一般无疼痛感,可用手还纳。一岁以前有可能治愈。而一岁以后自愈的可能性很小,应采取手术治疗。

### 404. 什么是肠套叠?

5个月左右的宝宝如果突然大哭大闹,多半是因为腹痛,引起腹痛的原因除了肠痉挛外,千万不要忘记肠套叠这个病。所谓肠套叠,就是一段肠子套进另一段肠子里,使肠管不通畅，肠管就反复剧烈蠕动，引起腹部阵阵剧痛。婴儿发生肠套叠时表现为：突然哭闹不安，两腿蜷缩到肚子上，脸色苍白，不肯吃奶，哄也哄不好，3～4分钟后，突然安静下来，吃奶、玩耍都和平常一样。刚过4～5分钟，又突然哭闹起来，如此不断反复，时间长了，婴儿精神渐差、嗜睡、面色苍白，有的婴儿腹痛发作后不久即呕吐，把刚吃进去的奶全吐出来，依据梗阻部位不同，呕吐物中可含有胆汁或粪便样液体。肠套叠的另一个特征是，开始婴儿不发热，但随着时间的推移，引起腹膜炎后就会发热。如果发现婴儿有不明原因的哭闹，哭闹呈阵发性，并伴有阵发性面色苍白，就怀疑有肠套叠，应赶快到医院外科请医生检查，以免延误诊治。

### 405. 斜疝手术受年龄限制吗?

斜疝手术无年龄限制，手术比较简单，门诊即可完成，且可完全根治。

### 406. 婴儿桡骨小头半脱位怎么治疗?

桡骨小头半脱位是一种婴幼儿时期常见的损伤，起因往往是前臂曾被猛力牵拉过，损伤后患儿疼痛明显并拒绝使用受伤的手臂，患肢乏力地下垂，不能上举。旋转前臂时，患儿会因疼痛而哭闹。本病X光片检查往往无明显异常。若出现上述情况，应及时去医院做手法复位，常有立竿见影的疗效。

## 407. 婴儿为什么容易发生骨折?

小儿由于顽皮,容易造成损伤,骨折即较常见。多数患儿因为骨质尚未完全硬化,具有弹性,容易形成弯曲,故骨骼常不完全断开,即所谓的"青枝骨折"。

## 408. 婴儿骨折后容易恢复吗?

小儿骨折后由于生长能力强,伤后经恰当的处理,恢复较快。

## 409. 婴儿骨折部位的症状是什么?

婴儿骨折受伤部位疼痛严重,肿胀,有青紫淤血。不能活动或活动受限。受伤部位出现畸形或有肢体缩短的表现。

## 410. 婴儿发生骨折该怎么处理?

发现婴儿受伤后,轻轻除去损伤区周围可能引起压迫的东西,不要随意搬动身体,尤其是受伤的肢体,以防止骨折和疼痛加剧,可以找根木棍或木板,将受伤肢体固定好(注意要固定在两个关节之间),送医院治疗。

## 411. 婴儿被刺伤后怎么办?

如果婴儿被刺伤后,伤口既大又深,血液从伤口喷射出来,要立即设法止血,使伤口处的血液凝固住,紧急处理后立即送医院。首先把婴儿的损伤部位抬高到他心脏水平面以上,以减少由伤口流出的血量。然后在伤口处再盖上清洁的纱布或手帕,用力压迫10分钟,使伤口处血液凝固住。最后在伤口处再盖上清洁纱布或手帕,用绷带或布条缠绕包扎,可以绷紧些,保持压力,然后前往医院治疗。

## 412. 婴儿被擦伤或切伤后如何家庭护理?

婴儿因无知,好奇心强,又缺乏自我保护意识,所以容易引起各种损伤,常见的为走路或跑步时跌跤导致膝盖擦伤或玩弄小刀被切伤。遇到这种情况,可用清洁的棉球蘸生理盐水后轻轻擦洗伤口,除去杂质,然后用干净的纱布或创可贴覆盖伤口,以保护伤口不被污染。

## 413. 婴儿被擦伤或切伤后什么情况下需要去医院?

如婴儿擦伤面积较大,膝盖严重肿胀;刀伤较长或较深或出血不能控制,需要缝合;伤口污染严重,需要打破伤风针;怀疑有骨折,需要医生处理。

# 6个月

### 414. 6个月的婴儿体格发育的正常值应该是多少?

男婴体重平均为7.9千克左右,男婴的平均身高为67.8厘米左右。女婴体重平均为7.2千克左右,女婴的平均身高为65.9厘米左右。男婴头围平均为43.9厘米左右,女婴头围平均为42.9厘米左右。满六个月时,大多数的宝宝都长出了2颗乳牙。

### 415. 6个月的婴儿运动能力有哪些进展?

如果婴儿把吃饱喝足的婴儿放在床上,婴儿已经不愿意像以前那样顺从地躺着了,而是身体一耸一耸地,会很快地从仰卧位翻到侧卧位,又从侧卧位翻到俯卧位。大部分婴儿可以靠着东西坐一会,有少部分婴儿已经可以坐稳。(见图6-1)

图6-1 独坐

### 416. 6个月的婴儿精细动作有哪些进展?

6个月的婴儿,只要在眼前的东西,不管是什么伸手就抓,并且还会两只小手同时抓。但是,这时婴儿还不会用手指尖捏东西,只能用手掌和全部手指生硬地抓东西。虽然婴儿的手还不大会驱动手指，但已经能够自由地使用双手了，并且手、眼、口已经配合得比较自如了。（见图6-2，见图6-3，见图6-4）

图6-2　吃东西　　　　图6-3　玩玩具　　　　图6-4　玩玩具

## 417. 6个月的婴儿视觉能力有哪些发展?

6个月的婴儿其视力发育有了很大的进步，凡是他双手所能触及的物体，他都要用手去摸一摸；凡是他双眼所能看见的物体，他都要仔细地瞧一瞧（不过，这些物体离他身体的距离须在90厘米以内），由此证明婴儿对于双眼见到的任何物体。

## 418. 6个月的婴儿听觉能力有哪些发展?

6个月的婴儿其听力比以前更加灵敏了，能够分辨不同的声音，特别是熟人和陌生人的声音。如果具备一定的环境条件并经过一定的训练还可以分辨出动物的不同声音。

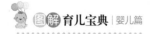

### 419. 6个月的婴儿触觉能力有哪些发展?

6个月婴儿触觉进一步发展，喜欢和父母以及看护他的亲人接触。他们的拥抱会让婴儿感觉安全舒服。

### 420. 6个月的婴儿语言发展有哪些进展?

在语言能力方面，会发两三个辅音；在大人背儿歌时会做出一种熟知的动作；婴儿说出的声音虽然还不是成熟的语言，但是婴儿明显能更好地控制声音了，尽管父母听不懂婴儿在说什么，但还是能够感觉出婴儿所表达的意思。

### 421. 6个月的婴儿情绪有哪些进展?

现在的婴儿高兴时会笑，受惊或心情不好时会哭，而且情绪变化快，刚才还哭得极其投入，转眼间又笑得忘乎所以。当母亲离开时，婴儿的小嘴一扁一扁地似乎想哭，或者哭起来。当宝宝听到母亲的话语时，就会张开小嘴咯咯地笑着，并把小手聚拢到胸前一张一合地像是拍手。( 见图6-5 )

图6-5 情绪发展变化

### 422. 6个月的婴儿认知有哪些改变?

这个月的婴儿可以认出熟悉的人并朝他们微笑，但有些婴儿开始明显地认生，对陌生人表现出害怕的样子，不让陌生人抱，也害怕陌生的环境。如果婴儿不顺心，发起脾气也很厉害，会长时间地啼哭，拒绝吃东西，拒绝比较亲近的人的搂抱，而只让母亲抱。

### 423. 6个月的婴儿应如何喂养?

6个月大的婴儿，一天的主食仍是母乳，可以逐渐延长喂奶间隔，缩短喂奶时间。此时婴儿已经开始长牙，可以准备一些粗颗粒的食物，增加半固体的辅食，如米粥或面条，一天只加一次，而且要制作成鸡蛋粥、鱼粥、肉糜粥、肝末粥等给婴儿食用，通过咀嚼食物来训练婴儿的咀嚼。

### 424. 如何选择给婴儿添加辅食的时机?

目前，国内专家一致认为，6个月是给婴儿添加辅食的最适宜时机，这时无论是心理还是生理上，都已大致具备添加辅食的条件，理由是：婴儿消化功能和体内调节能力逐渐完善，溢奶和吐奶现象越来越少；胃肠功能消化酶逐渐增加，牙齿逐渐萌出，婴儿具有接受半固体食物的能力；用汤匙触及婴儿口唇时张口或出现吸吮动作并将食物向后送、吞咽下去；对成人的饭菜感兴趣，并在需要时将头转向食物，吃饱后将头转开；当婴儿看到别人吃东西的时候，一般会表现出想吃的样子。

### 425. 添加辅食的顺序是什么？

首先添加过敏反应少的、泥糊状的碳水化合物如大米粥，当婴儿适应以后，开始尝试添加蔬菜泥和水果泥；辅食性状的变化应符合婴儿咀嚼能力的发育，从泥糊状无需咀嚼的食物开始，过渡到可以用舌头捣碎的辅食，逐渐到牙龈可以捣碎的食物，最后到牙龈咀嚼的食物。

### 426. 合理添加辅食的重要性是什么？

婴儿从母体获得的铁以及纯母乳喂养可以满足其前6个月铁的需求。当婴儿6月龄以后，从母体获得的铁和母乳喂养并不能完全满足其铁的需求，辅食成为婴儿铁的主要来源。由于6～23月龄是婴幼儿缺铁性贫血的高发阶段，不合理的辅食添加，如辅食添加时间过晚，动物性食物添加过少等原因很容易造成婴幼儿缺铁，进一步导致缺铁性贫血。大量的研究证据表明，缺铁性贫血可能影响儿童生长发育、运动和免疫等各种功能。因此，适宜的辅食添加对婴幼儿铁的补充及预防缺铁性贫血尤为重要。所以首次添加的辅食应富含铁，如强化铁的谷类食物和肉类食物。

## 427. 哪些婴儿更容易缺铁?

婴幼儿由于其生理特点非常容易缺铁,但随着6个月辅食的摄入,一般婴儿可以改善缺铁的情况。早产儿;母亲没有控制好的糖尿病;配方奶喂养的婴儿相对是缺铁性疾病的高发人群。

## 428. 添加辅食的方法是什么?

给婴儿做好添加辅食的准备工作如给孩子洗手、围餐巾、使之形成良好的条件反射。让婴儿在愉快的气氛中进餐,进餐前保持愉快的情绪。每添加一种新食物都从小量开始,用小勺挑一点食物,轻轻放入婴儿嘴里,待婴儿吞咽后再取出小勺。每次添加辅食时,要观察婴儿的大便,有无拉稀或未消化的食物,如婴儿加辅食后拉稀或有食物原样排出,应暂停加辅食,过一两天后,婴儿状况较好又可进行,婴儿不吃不要强迫,下次再喂。不吃某种食物,并不等于以后不吃,应多试几次。尽可能使食物多样化。

## 429. 6个月婴儿如何保证营养均衡?

6个月的婴儿,一天的主食仍是母乳或其他乳品、乳制品。一昼夜仍需给婴儿喂奶3 ~ 4次,全天总量不应少于600毫升。晚餐可逐渐以辅食为主,并循序渐进地增加辅食品种。

此期间辅食添加品种有：米粉、粥、水果泥、烂面、小馄饨、烤馒头片、饼干、瓜果片等，以促进牙齿的生长并锻炼咀嚼吞咽能力，还可让婴儿自己拿着吃，以锻炼手的技能。为使婴儿的营养均衡，每天的饮食要有五大类，即母乳、牛乳或配方奶等乳类；粮食类；肉、蛋、豆制品类；蔬菜、水果类及油类。

## 430. 母亲在家中如何自制果蔬汁？

鲜橙汁：将鲜橙横切一刀，用手动榨汁器榨汁，再用茶漏将果肉过滤掉，饮用时加1～2倍的水和少许糖；西红柿汁：洗净后用刀在底部放射状划几下，再用开水烫1～2分钟以便于去皮，去皮后切成小块，用纱布包裹后挤汁，纯西红柿汁较浓稠，加1～2倍水后再喂孩子；菜水（绿叶类菜，如油菜、小白菜、卷心菜、芹菜等）：取菜叶5～6片，洗净、切碎，将50毫升水煮开后放入碎菜，不盖锅盖煮2～3分钟，用茶漏过滤；菜泥：将洗净的深绿色菜叶（油菜、小白菜、莴笋叶、菠菜等）去茎后，放入沸水中煮开后捞起，控干水后用勺捣烂，再加几滴植物油放入油锅中翻炒几下即可。可加在米糊、稀粥或面片中食用；胡萝卜泥：将胡萝卜洗净削皮，并去除中间的硬心后，切成小块，放入水中煮烂或蒸熟，控干水后用勺捣烂，加少量植物油翻炒后即成。可放入米糊、面片中食用；果泥：选择质地松、面的苹果如红香蕉苹果。先将苹果洗净并放入沸水中烫一下，用经沸水煮过的水果刀将苹果切为两半，去核，然后用勺刮出果泥喂孩子；蛋黄羹：

将1个生蛋黄取出加1～2倍的水，用筷子或打蛋器打成蛋汁，放在刚冒气的蒸锅中，文火蒸10分钟即可。如为整鸡蛋则蒸15分钟；鱼泥：将鱼去鳞、去肚肠后，洗净，用水煮或锅蒸熟，剔除骨刺，用勺将鱼肉捣烂即可。可与米糊、面片一起食用；肝泥：将肝洗净并剔除血管、胆管、筋膜后，切碎放水中煮熟，用勺碾碎即可。可放在米糊或面片中食用。

## 431. 母亲在自制辅食时有哪些注意事项？

给婴儿制作辅食时，不要添加其他调味料或成分。不要放糖或盐，不要加油脂。不要添加苏打粉，虽然苏打粉可以保持食物色泽，却有损于维生素及矿物质。土豆要连皮一起蒸、烤或放入微波炉中，煮好后再剥皮。最好用蒸、加压或不加水的方法烹煮蔬菜，尽可能减少与光、空气、热和水接触，尽可能减少维生素的损失。另外，给婴儿做辅食的器皿也有讲究：不能用铜制锅盘器皿，以免破坏维生素C；不能用铝制器皿烹煮酸性食物（如番茄），因为铝质会溶解在食物中并被婴儿吸收。

## 432. 如何训练婴儿的咀嚼、吞咽功能？

会吸吮是婴儿的本能，但出牙后要学会咬一小块食物，并嚼碎后吞咽下去，就需要后天的训练和培养了。由于这时的婴儿还不会咀嚼和吞咽食物，所以当母亲用小勺给婴儿喂半固体食物时，几乎所有的婴儿都会用舌头将食物顶出或吐出来，甚至在吞咽时有哽噎现象。只要经过一个阶段训练，婴儿就会逐步克服上面所说的现象，形成与吞咽的协同动作有关的条件反射。在进行咀嚼、吞咽训练时，由于不同的婴儿有着不同的适应性的心理素质差异，所以有的婴儿只要经过数次试喂即可适应，而有的婴儿则需要1～2个月才能学会。所以，在让婴儿学习咀嚼和吞咽时，家长一定要有足够的耐心。

### 433. 婴儿爱吃甜食有好处吗？

糖可以提供热量，是婴儿生长发育所需要的营养素之一。但过多地摄入糖将对婴儿健康产生不利影响，如影响小儿机体对蛋白质和脂肪的吸收与利用，引起维生素$B_1$的缺乏，影响对其他口味食物的适应，还可因血糖浓度长时间维持在高水平而降低婴儿食欲，增加患肥胖的危险。

### 434. 如何减少婴儿吃甜食的习惯？

当婴儿已经养成了吃甜食的习惯，可采取以下方法尽快纠正：①首先从甜度上逐渐降低，如将甜饮料冲淡；②从甜食的品种上逐渐减少高甜度的食物，用色香味俱佳的低甜度食物替代；③不要给小婴儿吃含糖高的钙剂。不论哪种方法，都要循序渐进，使婴儿有适应的过程。

## 435. 婴儿辅食中需要加盐吗?

最新（2013年）《中国居民膳食营养素参考摄入量》建议：对于婴儿来说，每天需要350毫克（mg）的钠。但是钠不是盐，给婴儿吃盐，无非就是补充人体必需的钠元素。但要知道，钠不仅存在于食盐中，母乳以及婴儿的其他辅食，比如肉、鱼、蛋、水产类、水果蔬菜等中都含有很多钠，完全足够婴儿需要摄入的量。如果在这些"隐形盐"的基础上额外添加，那可就大大超标了哦。

## 436. 过早添加盐对婴儿有什么危害?

婴儿对盐具有高度敏感性，过早添加盐，会增加宝宝今后高血压和心血管疾病的风险，还会影响婴儿今后的饮食习惯，对婴儿尚不成熟的肾脏造成负担。此外，太咸的东西会让人觉得口渴，婴儿也一样。食盐过多，会让婴儿的唾液分泌减少，口腔的溶菌酶减少，病毒就有可能在口腔里面滋生了，婴儿患病的几率就会增加。婴儿的味觉正在发育，对调味品的刺激比较敏感，加调味品容易干扰婴儿味觉，或导致婴儿拒绝没有味道的食物。让我们爸妈头疼的挑食、厌食，也许就是这样造成的！1岁以后就算可以吃盐了，3岁前也要尽量保持少盐。

### 437. 婴儿适合吃哪些蔬菜和水果?

　　蔬菜含水量多，是某些维生素和矿物质的重要来源，较多的纤维素可促进消化液的分泌和促进肠蠕动，软化大便。深绿色叶状蔬菜及橙黄色蔬菜含有较高的维生素C、$B_2$和胡萝卜素及矿物质（如钙、磷、铁、铜等），比较适合婴儿食用，如油菜、小白菜、菠菜、苋菜、莴笋叶、圆白菜、胡萝卜、西红柿等。新鲜水果也含有一定量的维生素C和胡萝卜素。水果中的有机酸可以起促进食欲、帮助消化的作用。较适合婴儿食用的水果有：苹果、柑橘、香蕉、桃子、葡萄、梨、芒果、木瓜等。

### 438. 婴儿不愿意吃蔬菜，可以只吃水果吗?

　　水果与蔬菜所含营养成分不尽相同，蔬菜比水果中含有较多的维生素C和纤维素，水果比蔬菜含有较高的易吸收的糖（单糖和双糖），因此，两者不能互相代替，最好每天进食一定量的蔬菜和水果。在添加米粉1个星期后，可开始添加蔬菜和水果。可先从添加果汁、菜汁开始，当孩子适应后，再改为菜泥、果泥，最后过渡到小块状水果和蔬菜。

### 439. 婴儿添加辅食后，应先添加蔬菜还是水果?

　　水果较甜应在添加了蔬菜后再添加，以免婴儿由于偏爱水果而不愿接受蔬菜。开始添加时，第一天喂1～2勺（约10毫升），第二天喂20毫升，第三天喂30毫升，逐渐增加。每次只添加一种，如无腹泻、呕吐、皮疹等过敏反应，3～7天后再添加另一种。新鲜的水果可酸化大便并刺激皮肤，如果皮肤出现鲜红色皮疹，应暂时减少果汁的摄入。过多摄入果汁会因消化不良而引起腹胀或腹泻，并可影响孩子对其他辅食的摄入，甚至可引起低钠血症和脑水肿。所以每天果汁摄入量不要超过50～100毫升，最好用1～2倍的水冲兑。

## 440. 为什么给婴儿添加动物食品？

动物食品除乳制品、蛋类外还包括肉禽类、水产类和动物脂肪，是小儿蛋白质和能量的主要来源之一。动物蛋白含有的必需氨基酸，易被人体消化吸收和利用，为优质蛋白质。动物源性食品除含有丰富的蛋白质外，还含有大量的脂肪和丰富的无机盐如铁、锌、铜、磷、硫等，以及丰富的维生素如维生素A、$B_1$、$B_2$及维生素D和叶酸。

## 441. 哪些食物容易引起婴儿过敏？

下列食物容易引起婴儿过敏：奶以及奶制品，包括牛奶，羊奶，奶粉，以及含奶的糕点、饼干；蛋类，鸡蛋，鸭蛋，鹅蛋，鹌鹑蛋都是蛋类；贝类，比如虾、螃蟹、牡蛎；鱼类；大豆；花生；坚果，比如杏仁、腰果等；小麦。

### 442. 那些容易引起过敏的食物，婴儿晚一点添加会不会更安全?

不一定，虽然过早接触这些食品会刺激婴儿敏感的不成熟的免疫系统，导致过敏，但有研究已经证明了，过晚的食用也易过敏（比如花生），也会导致过敏的发病率增加。推迟添加不利于诱导婴儿免疫系统适应这些食物，而致使延期添加的食物过敏发生率更高。

### 443. 婴儿食物过敏怎么判断?

食物过敏的症状一般有三类：皮肤黏膜症状：荨麻疹，血管性水肿，口腔、皮肤瘙痒等；消化道症状：恶心呕吐，腹泻，腹痛，腹胀，便秘等；呼吸道症状：流鼻涕，喉头水肿，哮喘等。据统计，大约30%的家长认为孩子进食某种食品后，有不良反应。过敏反应大约能占到所有儿童3% ~ 10%，剩下的20%左右的食物不良反应其实是食物不耐受。

### 444. 如何减少婴儿过敏的几率?

坚持6个月纯母乳喂养是预防婴儿过敏有效的方法，食品经过母乳给婴儿，属于极小剂量的刺激，婴儿就会产生耐受，不过敏了；适时适当一种一种的给婴儿添加辅食；避免使用不必要的抗生素，促进并保护好肠道菌群的建立，从而降低过敏；少用消毒剂、杀菌剂，给婴儿建立一个有菌的环境，促进免疫系统向抗感染方向发展。

### 445. 如何科学应对婴儿过敏？

忌口是目前推荐的最好方式。但不是终生忌口，因为食物过敏随着年龄增长，有逐渐消退的可能。大部分食物过敏，到青春期时都能消退。不同食物，建议的忌口时间不同，比如花生，建议忌口 1 年再进行激发实验，看是否可以吃，对于水果，建议 6 个月左右可以实验，看是否能吃。保险的建议是，至少 6 个月再试，如果没事了，就吃，如果还有过敏，就不能吃。

### 446. 婴儿忌口期间营养应如何保证？

对于牛奶蛋白过敏的婴儿可使用深度水解奶粉或氨基酸配方奶粉替代普通奶粉喂养，具体母亲是否需要忌口以及这些奶粉需要多久，请医生定。对于鸡蛋、鱼、坚果、水果等过敏的婴儿可以吃肉，同样提供蛋白质；对一种坚果过敏，那就吃另外一种，同样补充矿物质和维生素，真的不用太纠结。不管是哪种，都可以有其他的食物来代替。

### 447. 6个月的婴儿睡眠规律有什么改变？

6 个月婴儿白天一般睡 2 ~ 3 次，上午睡 1 次，下午睡

1 ～ 2次。由于婴儿的个体差异，同上个月相比，一般上午睡1 ～ 2小时，下午睡2 ～ 3小时。婴儿在这个月总体上的规律是，白天的睡眠时间及次数会逐渐减少，即使白天睡觉较多的婴儿，一白天的睡眠时间也会减1 ～ 2个小时。由于婴儿白天活动增多，容易疲劳，因此夜里睡得很沉。原来夜里要醒两次的婴儿，现在变为1次。而原来只醒1次的婴儿现在可以一觉睡到天亮。多数婴儿由于晚餐完全由辅食替代，睡前再喂一次奶后，夜间可以不吃奶，常能睡10小时左右。大多数一觉可以睡到天亮，中间会小便1次，但也有部分婴儿夜间会醒来解2 ～ 3次小便。在这些起夜的婴儿中，有的只要换好尿布就能接着入睡，但也有一部分婴儿，换好尿布后还要吃一次奶才能再次入睡。

### 448. 婴儿醒得太早怎么办?

6个月的婴儿，每天早晨五六点钟，在你睡意正浓的时候突然醒来，你会有什么感受，最好的办法就是不加理睬，在婴儿清晨发出第一声啼哭时不妨让他（她）稍微等待一下，如果不是大哭尖叫，就可以慢慢地加长等待的时间，或许婴儿能翻个身再睡或乖乖地自我娱乐一番。

### 449. 婴儿在睡眠时应注意哪些问题?

这个月的婴儿不仅手部的力量大增，而且腿部也比以前更有力了，加上已经学会翻身，如果睡床太小或没有栏杆防护，就应及时更换大床或安装护栏，否则婴儿就很容易从床上掉下来。此外，在床边的栏杆上也不能系绳子，以免婴儿翻身或掉到地上时，因绳子缠住脖子而发生危险。

### 450. 6个月的婴儿睡眠不踏实是怎么回事?

有些爱动的婴儿，白天睡眠时间比较短，夜间自然睡得较沉；但有些不爱动的婴儿，由于白天运动过少而睡觉较多，而且晚上睡得也早，这样的婴儿夜间肯定睡不安稳。这就需要检查一下婴儿白天是怎样度过的。如果属于上述情况，就应该逐步改变婴儿的睡眠规律。

### 451. 6个月的婴儿在睡梦中突然惊醒是怎么回事?

这个月的婴儿对周围事物的兴趣越来越浓，遇到可使婴儿受惊的机会也相应增多，婴儿夜里睡觉时难免会梦见白天受惊时的情景，这样一来就会突然大叫或哭闹起来。

### 452. 家长在使用婴儿车时应注意哪些问题?

如果在车架上有减振器或系有玩具，要固定好，以免掉在婴儿头上；如果车架可以折叠，要保证孩子够不到折叠开关。将孩子放入车架前应该锁好折叠开关；孩子一旦会单独坐立，就不要再使用车架，否则婴儿非常容易摔出车架；婴儿车都应该有刹车，无论何时停止行走时，都要使用刹车；

婴儿车上要随时用安全带；不要让孩子单独待在婴儿车里；不要把袋子挂在婴儿车的把手上，以免婴儿车向后翘起。

### 453. 家长如何为婴儿选择安全座椅？

一定要根据孩子的年龄、身高和体重来选择。看你如何使用它。如果你需要经常从汽车里装入和取出座椅，那么轻便的座椅比较适合你。尽量不要购买二手的儿童安全座椅，因为你很难了解它过去的使用背景。

### 454. 如何防止误食伤或中毒？

不要把药品，洗涤用品，杀虫剂，刀子等可能会对婴儿造成伤害的物品放在婴儿能接触到的地方以防止误食或中毒。过敏性体质的儿童慎用毛绒玩具。

### 455. 婴儿发生呼吸道阻塞的原因是什么？

婴儿通常喜欢将手中玩的东西放入口中，当异物吸入咽喉卡在气管内时，即会造成呼吸道阻塞，引起咳嗽，呼吸困难。此时，应尽可能迅速将异物取出，使呼吸道保持通畅。

### 456. 婴儿发生呼吸道阻塞怎么办？

尽快使婴儿面部朝下，一只手可紧握婴儿的两踝，使头朝下，另一手在他两肩胛之间拍打几次。堵塞物可随气流冲出。如果堵塞未能解除，可将婴儿平放侧卧，头向后仰，你的一只手撑住婴儿的背部，另一只手的两指按放在婴儿脐部与肋缘构成的V型顶点之间，快速向内，向上按压，做推挤动作；你也可采用像胸外按摩的方法来抢救。如堵塞物取出后，婴儿仍然不能正常呼吸时，要立即做人工呼吸。

## 457. 为什么6个月的婴儿容易生病?

由于婴儿在母亲肚子里的时候，母亲通过胎盘向胎儿输送了足量的抗感染免疫球蛋白，加之母乳含有的大量免疫因子，使出生后的婴儿安全地度过了生命中脆弱的最初阶段，所以6个月以内的婴儿很少生病。但是，到了6个月以后，婴儿从母亲那里带来的抗感染物质，因分解代谢逐渐下降以致全部消失，再加上此时婴儿自身的免疫系统还没发育成熟，免疫力较低，因此就开始变得比以前爱生病了。

## 458. 婴儿缺铁性贫血会有什么症状?

婴儿缺铁性贫血的表现为：皮肤和黏膜苍白，最为明显的是口唇、口腔黏膜、甲床和手掌；易疲乏，不爱活动，年长儿童可自诉头晕、眼前发黑；食欲减退，吃饭没胃口，可有呕吐、腹泻等症状；精神上表现为注意力不集中、萎靡不振、烦躁不安。体内缺铁除引起贫血外，还可以造成呼吸、消化、循环及免疫等组织器官的功能损害，对智能和体格发育也有一定的影响。

## 459. 婴儿贫血多发生在什么时候?

足月儿从母体获得的铁一般能满足4个月的需求,4月龄之后,从母体获得的铁逐渐耗尽,而婴儿的生长发育需要更多的铁,若不添加含铁丰富辅食,继续纯母乳喂养,婴儿就容易发生缺铁性贫血,6个月至2岁的宝宝缺铁性贫血发生率最高。医师提醒,家长们应该对缺铁性贫血有足够的重视,在日常护理照顾婴幼儿时,应该留意观察宝宝的表现,并定期身体检查,早发现早治疗。

## 460. 对于缺铁性贫血婴儿应如何调整婴儿饮食结构?

若婴儿确诊为缺铁性贫血,首先要改变婴儿的喂养习惯,多食含铁丰富的食物;其次是使用铁剂药物治疗。对于由于饮食缺铁而症状比较轻微的病儿,也可以单从改善病儿饮食入手,在膳食中注意搭配含铁量比较丰富的食物。对于纯母乳喂养的婴儿,家长在母乳喂养的同时,要特别留心孩子铁的补充,5个月后逐渐添加含铁丰富的辅食,做好预防。对于人工配方奶喂养的婴幼儿,因配方奶中强化了铁剂,发生缺铁性贫血的患儿较少。

461. **含铁丰富的辅食有哪些?**

到了婴儿可以添加辅食的月龄，家长们可以选添含铁量比较丰富的食物给孩子食用。例如婴幼儿强化铁的米糊、米粉、瘦肉泥、水果汁、水果泥、鸡蛋黄、动物内脏等含铁量比较丰富的食物，可以用各种烹饪方法，提高婴儿对添加辅食的兴趣，爱吃含铁量比较丰富的食物。如果婴儿不愿意吃添加的辅食，母亲们不要放弃，在婴儿饿的时候多尝试几次，婴儿会逐渐接受辅食。

462. **什么是维生素D缺乏型佝偻病?**

维生素D缺乏病是由于日晒少（皮肤经紫外线照射后，可使维生素D前体转变为有效的维生素D）、摄入不足（奶、蛋、肝、鱼等食物）、吸收障碍（小肠疾病）及需要量增加（小儿、孕妇、乳母）等因素，使体内维生素D不足而引起的全身性钙、磷代谢失常和骨骼改变。同时影响神经、肌肉、造血、免疫等组织器官的功能，严重影响儿童的生长发育。

463. **维生素D缺乏型佝偻病有哪些症状?**

婴儿易激惹、烦躁、睡眠不安、夜惊、夜哭、多汗，由于汗水刺激，睡时经常摇头擦枕，以致枕后脱发（枕秃）。患儿血钙过低，可出现低钙抽搐（手足搐搦症），神经肌肉兴奋性增高，出现面部及手足肌肉抽搐或全身惊厥，发作短暂约数分钟即停止，但亦可间歇性频繁发作，严重的惊厥可因喉痉挛引起窒息。

### 464. 维生素D缺乏型佝偻病的好发因素有哪些？

多见于北方寒冷地区，本病多见于早产儿、多胎、低体重儿、冬春季出生婴儿。母孕期有维生素D缺乏史，缺少动物性食品，少见阳光；或孕妇体弱多病，患肝肾或其他内分泌疾病。孕妇经常发生手足搐搦、腓肠肌痉挛、骨痛、腰腿痛等症状，重者可有骨软化病。新生儿临床症状可不明显，部分有易惊，夜间睡眠不安、哭吵。体征以颅骨软化，前囟大，直通后囟，颅骨缝宽，边缘软化为主，胸部骨骼改变如肋软沟、漏斗胸较为少见。X线检查腕部正位片是诊断本病的主要依据，先天性佝偻病显示典型佝偻病变化。

### 465. 如何预防维生素D缺乏型佝偻病？

维生素D缺乏病的预防应从围生期开始，孕妇应有户外活动，多晒太阳，多食富含维生素D、钙、磷和蛋白质的食物。妊娠后期7～9个月可每天服维生素D 25μg（1000U）或给维生素D$_2$2500～5000μg（10万～20万U）一次口服，每天应由膳食中补充1000mg元素钙，不足的需用钙剂补充。新生儿期应提倡母乳喂养，尽早开始户外活动，接触日光，由于紫外线不能穿透玻璃，因此应开窗晒太阳。目前认为新生儿即有维生素D缺乏或亚临床维生素D缺乏的危险。我国的维生素D膳食推荐量为10μg/d（400U/d）。婴幼儿需采取综合性预防措施，如提倡母乳喂养，及时添加辅食，每天1～2h户外活动、补充维生素D、增加维生素D强化奶制品的摄入等。

### 466. 什么是幼儿急疹？

幼儿急疹又称婴儿玫瑰疹、奶麻，好发于2岁以内的婴幼儿，特别常见于6～12个月的健康婴儿。幼儿急疹是由人类疱疹病毒6型引起的，属呼吸道急性发热发疹性疾病，通常由呼吸道带出的唾沫而传播，密切接触会传播此病，但它不属于传染病。幼儿急疹的潜伏期是8～15天，发病之前孩子没有明显的异样表现。由于人体对此病毒感染后会出现免疫力，所以很少出现再次感染，因此病毒的传播原不仅是已患病的婴儿，更为常见的是父母及家人中的健康带病毒者。

### 467. 幼儿急疹应如何护理？

得了幼儿急疹，应该先到医院明确诊断，并遵医嘱，按时给婴儿服药，在病情无大变化的情况下，不必因发热不退而天天跑医院。应注意多给孩子饮水，防止脱水。可以采用一些物理降温的办法，如温水澡，温水擦额头、四肢等。要温度不高于40℃，就没有必要采用药物降温。一般使用的药物有扑热息痛，泰诺等，但是不能使用阿司匹林。

### 468. 什么是耳垢?

6个月的婴儿头部已经能够独立支撑了,所以家长有机会看清楚婴儿耳朵里面的状况。如果发现婴儿的耳垢不是很干爽,而是呈米黄色并粘在耳朵上,家长就会担心宝宝是否患了中耳炎。其实,还有一种情况叫做耳垢湿软,而中耳炎和耳垢湿软是有区别的。耳垢湿软一般不会是一侧的。耳垢湿软大概是因为耳孔内的脂肪腺分泌异常,不是病。

### 469. 家长如何自行护理耳垢湿软?

婴儿的耳垢特别软时,有时会自己流出来,家长可用脱脂棉小心地擦干耳道口处。但千万不可用带尖的东西去掏婴儿的耳朵,以免碰伤耳朵引起外耳炎。一般有耳垢湿软的婴儿长大以后也仍然如此,只是分泌的量会有所减少而已。

### 470. 婴儿被蚊虫叮咬怎么处理?

被叮咬的地方可以用清凉油涂抹,每天多涂抹几次,消肿和解痒特别见效,同时也比别的花露水等化学用品安全,刺激性小,味道也小。注意眼睛和鼻子附近不用,防止刺激婴儿。 出门的时候要涂抹驱蚊液、或者花露水。但是最好先试涂一下,以防婴儿过敏。同时,要注意经常给婴儿洗手,以防搔抓叮咬处,导致继发感染。

### 471. 如何为婴儿选择牙刷?

刷牙要选择保健牙刷。儿童要选择不同年龄段的牙刷,牙刷的刷头应小巧灵活,以便深入口腔,清洁每个牙面,刷毛要软硬适中,排列整齐,刷毛顶端经过"磨毛"处理,既能有效清洁牙齿,又不损伤牙龈。刷柄易于握持,便于灵活清洁每一颗牙齿。当牙刷刷毛出现变曲变形时应及时更换新牙刷,通常每3个月更换一次。

### 472. 婴儿刷牙可以使用牙膏吗?

含氟牙膏具有防龋作用,4岁以下儿童由于不能控制吞咽,不宜使用牙膏,用牙刷蘸清水即可。

### 473. 用牙刷刷牙的方法是什么?

将牙刷毛放在牙龈与牙齿的交界处,与牙面斜向牙龈成45度角,使刷毛进入牙龈沟及牙缝,短距离水平颤动,幅度不超过半个牙,每个部位颤动8～10次,再顺牙缝竖刷,上牙从上往下刷,最后刷咀嚼面时可前后来回刷。

### 474. 牙刷应如何保管?

刷牙后牙刷毛间往往粘有口腔食物残渣,同时也有许多细菌附在上面，因此要用清水多次清洗牙刷，并将刷毛上湿水分甩干，置于通风处，牙刷应每人一把，防治疾病交叉感染。

### 475. 引起呕吐的常见原因有哪些？

消化道感染：急性胃炎，肠炎，阑尾炎；消化功能紊乱：进食过多，饮食不当，喂养方法不当，有发热。消化道梗阻：肠套叠（阵发性腹痛，便血），肠梗阻（腹胀，腹痛，便血）。中枢神经系统疾病：脑膜炎，脑肿瘤，颅内出血。

### 476. 婴儿呕吐时应该怎么办？

婴儿呕吐时父母抱着他，让他向前倾面对容器，这样可防止呕吐物吸入，呕吐后把婴儿的面部擦干净并给予漱口。

### 477. 婴儿得了胃肠炎怎么办？

在婴儿人工喂养期间，所有餐具都要煮沸消毒。配制好的食物要储存在冰箱内，切记把温热的食物存放在保温瓶中，因为细菌在温暖条件下最容易繁殖。配制食物时要格外注意卫生。任何煮过的食物放在冰箱储存不超过2天。若重新加热时，确保要烧滚煮沸，因为高温可消灭胃肠炎的致病菌。婴儿避免吃寒凉的食物。养成餐前便后用肥皂清洗双手的好习惯。

### 478. 婴儿发生便血怎么处理?

由消化道出血而引起的大便出血,称为"便血"。常见的便血呈鲜血状,柏油状,果酱状或褐色便。当食物中富含铁(若进食大量的猪肝,动物血或铁剂等)时,大便颜色也会变成褐色或黑色。如发现婴儿便血又未吃过含铁的食物时,应立即去医院看医生。

### 479. 婴儿腹痛的主要原因有哪些?

引起腹痛的原因主要包括急性腹痛和慢性腹痛。

(1)急性腹痛(剧烈腹痛达数小时或每隔几分钟有严重腹痛):伴哭吵,呕吐:肠套叠,肠梗阻,消化道溃疡,嵌疝;伴发热呕吐:急性阑尾炎,急性肠炎,急性胰腺炎;阵发性腹痛:肠痉挛,消化不良,便秘。

(2)慢性腹痛(疼痛隐隐约约,停停痛痛,间断发作):肠道蛔虫症,慢性胃炎,胃窦炎,腹腔慢性炎症。

### 480. 6个月婴儿需要接种的疫苗是什么?

乙型肝炎疫苗(第三针);A群流脑疫苗(第一针)。

### 481. 接种乙肝疫苗的注意事项是什么?

接种乙型肝炎疫苗后可预防乙型肝炎。在婴儿出生24小时内应接种第一针乙型肝炎疫苗，在婴儿满月和6个月时，再各接种一针，这样才能在体内产生抵抗乙型肝炎病毒的能力。乙型肝炎疫苗接种在新生儿的右上臂，为皮下注射，决不可与卡介苗接种在同一部位。乙型肝炎疫苗接种后一般很少有不良反应，少数婴儿可能会出现轻微的反应，如注射部位出现红肿、疼痛、轻微发热，但均不需要处理，24小时内即可自行消退。

## 482. 什么是A群流脑疫苗？接种的注意事项是什么？

A群流脑疫苗接种之后，可以使机体产生体液免疫应答，用于预防A群脑膜炎球菌引起的流行性脑脊髓膜炎。本疫苗主要用于6月龄～15周岁的儿童。 接种程序：A群流脑疫苗接种4剂，儿童自6月龄接种第1剂，2剂次间隔不少于3个月；第3、4剂次为加强免疫，3岁时接种第3剂，与第2剂间隔时间不少于1年；6岁时接种第4剂，与第3剂接种间隔不少于3年。本疫苗使用后，偶有短暂低热，局部有压痛感，一般可自行缓解；接种完毕后，留观15～30分钟。

## 483. 婴儿发热、拉肚子可以接种疫苗吗？

发烧，无论体温高低都尽量不要接种。腹泻如果大便次数超过4次也不要进行预防接种。当然，母乳喂养的小儿每天大便有4～5次，但是婴儿发育好，就可以正常接种疫苗。

### 484. 婴儿感冒发热后多久可以接种疫苗?

一般感冒、发热，待病愈后3 ~ 5天，小儿精神、食欲恢复正常后就可以预防接种。但特殊疾病就要分别对待。

### 485. 患过幼儿急疹的婴儿应什么时候接种疫苗?

患幼儿急疹的婴儿，要在出疹3个星期以后再接种疫苗。因为幼儿急疹是病毒感染性疾病，婴儿免疫系统也受到一定的影响，一般需要3个星期免疫系统才能得到恢复，这时接种免疫效果好。

### 486. 有过敏史的婴儿接种疫苗应注意什么?

有过敏史的婴儿，如食物过敏、药物过敏、花粉过敏等，即便过敏症状已经消失，接种疫苗也一定要严格掌握禁忌证。因为疫苗均属于免疫制剂，有过敏史的婴儿，接种疫苗后诱发过敏反应的概率要比没有过敏史的要高。

### 487. 6个月的婴儿喜欢玩什么游戏?

认识自己，认识妈妈，当孩子会对镜子中的人点头笑时，每天抱婴儿照镜子。指着镜子里婴儿的影像叫他的名字，并问"宝宝在哪儿?"握住孩子的手指镜中的影像，边说出

"宝宝在这里"。教孩子练习用手指镜中的自己；或问"妈妈在哪里？"让婴儿朝镜中的妈妈看，用手指抓、拍镜中的妈妈。目的是教孩子认妈妈、认识自我。

### 488. 6个月婴儿健康检查的内容都有哪些？

医生会询问婴儿的生活、饮食、大小便、睡眠、户外活动、疾病等一般情况；测量体重、身长、头围等并进行评价；全身体格检查；必要的化验检查和特殊检查（如智力检查）等。（见图6-6，图6-7）

图6-6　婴儿体检眼睛　　　　图6-7　婴儿体检口腔

### 489. 什么是肥胖？

1～6个月时体重（公斤）=出生体重（或3公斤）+月龄×0.6（公斤），体重超过标准体重的10%以内为正常，超过标准体重10%～19%为超重，超过标准体重的20%以上可以称为肥胖。假如婴儿已处于肥胖状态，那就应该减肥了。

## 490. 体重是衡量肥胖的唯一标准吗?

每个婴儿的生长速度都有自己的特点,体重不是衡量婴儿是否肥胖的唯一标准,按月龄的生长发育曲线图,特别是身高体重发育曲线图更有说服力。建议家长定期带婴儿去做检查,让医生应用综合指标来评判婴儿的肥胖度。

## 491. 如何引导婴儿识别颜色?

颜色是物体的一个重要特性,认识物体的颜色,可以丰富婴儿关于物体特性的感性经验,为婴儿今后学习分类、对比等数理逻辑概念奠定良好的基础,为婴儿的智力发展和绘画兴趣都是大有益处的。家长可以多为婴儿提供一些丰富的色彩教婴儿认识颜色。先认红色,如皮球,告诉婴儿这是红的,再告诉他西红柿是红的。婴儿会睁大眼睛表示怀疑,可以再取两三个红色的玩具与西红柿放在一起,肯定地说"红色",渐渐地婴儿就能逐渐认识红色了。其他颜色,家长也可以用同样的方法进行训练。

## 492. 您知道儿童何时进行听力筛查吗?

在儿童定期健康体检中,保健医生对每名儿童不但要进行体格发育检查,还要使用行为测听的方法对儿童听力进行筛查。筛查时间为:出生后6个月、1～6岁每年一次。

## 493. 如何增强婴儿的听觉能力？

这个时候婴儿正处于逐步发育成熟阶段。在增强婴儿的感官刺激中，听觉的感官刺激是最基本的，并且可以在日常生活中随时、随机进行。人们说话的声音、开门的声音、电视的声音、还有风声、雨声、雷声等，家长可以亲切地告诉婴儿这是什么声音。

## 494. 婴儿听力筛查没有通过是怎么回事？

这可能有两种情况，一是婴儿确实听力没有问题，只是因为某些原因导致筛查呈"假阳性"；另一种情况是，婴儿听力只是轻度受损，对日常生活中的声音作出反应。但是，轻度的听力障碍也会影响孩子的语言发育，比如说话晚，或是孩子口齿不清，一些家长因为孩子对声音有反应就认为孩子没问题，或者问题不严重，而不去复查或者不给孩子佩戴助听器，这样孩子反而被耽搁了。

## 495. 婴儿听力筛查未通过怎么办？

在社区经儿童保健医生筛查未通过可持筛查报告单去北京市 0 ~ 6 岁儿童听力定点医疗机构做进一步检查；确诊为听力损失的患儿应及时到医院的专科进行相应的医学干预。

### 496. 北京市的听力诊断中心有哪些?

北京市0 ~ 6岁儿童听力诊断定点医疗机构有：北京市同仁医院、北京市儿童医院、北京市协和医院、北京大学第三医院、中国人民解放军总医院和中国聋儿康复研究中心。

### 497. 家长应如何保护婴儿的听力?

家长应注意观察，不要把洗澡水，眼泪流入耳道内。不要用耳毒性药物如庆大霉素、链霉素等氨基糖苷类药物。按时检查听力。

### 498. 如何教婴儿认识日常用品?

6个月的婴儿每天醒来的时候，都会好奇地东张西望，并且，只要是在他视线范围内的物品，他都会爬过去抓它、放在嘴里"研究"它，这是因为婴儿对这个精彩的世界充满了极强的好奇心，也是因为婴儿的感知觉不断地发展，以及对身体控制能力的提高。 因此，为了满足婴儿的好奇心，和帮助婴儿更好地成长，父母可以有计划地教婴儿认识日常生活中一些常见、常用到的物品。教婴儿认识物品主要抓住两点：一是你和婴儿都要看着物品；二是用手指着物品。 也许在刚开始引导婴儿认识物品的时候，他可能会东张西望，难于把注意力放在你想让他集中的地方，这时，父母一定要有耐心。

可以在婴儿眼前晃动物品，或用物品制造声音，吸引婴儿的注意力，并一边说"这是★★"，坚持每天进行5～10次的指认。 由于婴儿记忆能力的特点，因此，我们需要更多的耐心和时间。一般，婴儿会认第一种物品需要15～20天;认识第二种物品需要12～18天;认识第三种物品需要10～16天;但对于婴儿比较感兴趣的物品，可能二三天就能够认识了。 要提醒父母的是：教婴儿认识物品的时候，要保证每次只能认一件物品，不要让婴儿同时认几样物品，这样会混淆婴儿意识，延长婴儿学习的时间。

# 7个月

## 499. 7个月婴儿体格发育的正常值应该是多少?

体重:男婴平均8.3千克,女婴平均7.6千克;身长:男婴平均69.2厘米,女婴平均67.3厘米;头围:男婴平均45.0厘米,女婴平均43.8厘米;牙齿数:正常范围2颗左右。

## 500. 7个月婴儿智能应发育到什么水平?

大运动:独坐自如;精细动作:摆弄玩具(直径约0.5厘米),自己取一积木,再取另一块;适应能力:积木换手,伸手够远处玩具;语言能力:发"da~da"、"ma~ma"音,但无所知;社交行为:对镜子有游戏反应,能分辨出陌生人。

## 501. 7个月婴儿的视觉应发育到什么程度?

7个月的婴儿远距离视觉开始会有明显的发育,他能注意远处活动的东西,如天上的飞机、飞鸟等。这个时期的婴儿,对于周围环境中鲜艳明亮的活动物体都能引起注意,而且拿到东西后会翻来覆去地看看、摸摸、摇摇,表现出积极地感知倾向,这是观察的萌芽。

## 502. 7个月婴儿的听觉应发育到什么程度?

7个月婴儿虽然对声音有所反应,但还不能明白话语的意思。有时候，家长会觉得婴儿能领悟别人在喊他的名字，那实际上不过是婴儿熟悉家长的声音的缘故。在婴儿快要进入11个月时，婴儿会对词汇表现出选择性。

## 503. 7个月婴儿如何合理的喂养?

7个月的婴儿不管是母乳喂养还是人工喂养，每天的奶量仍不变，但分4～5次喂食，辅食仍吃菜泥、果泥等泥状辅食，可以添加粥或煮烂的面条，在婴儿出牙期间，还应继续给他吃小饼干、面包等，让他练习咀嚼。

## 504. 7个月婴儿的日常养护要点?

对于7个月的婴儿在运动方面可以多训练爬行、指拨玩具、扶站、拇指和食指捏取物品。要慢慢引导婴儿认物找物、拍手点头，家长经常给其念儿歌，讲故事，发"爸爸"、"妈妈"等双辅音，做主动婴儿操，慢慢练习使用杯子喝水，学习自己拿小勺。（见图7-1）

图7-1　7个月支撑爬行

## 505. 如何培养7个月婴儿建立良好的饮食习惯?

要使婴儿养成良好的饮食卫生习惯，应每天在固定的地方、位置喂婴儿吃饭，给他一个良好的进食环境。在吃饭时，不要和他逗笑，不要分散他的注意力。可以让他自己拿饼干吃，也可以让他拿小勺，开始学着用勺子吃东西。家长不要因为婴儿吃的到处都是而嫌麻烦，每个婴儿都要有这个过程，但如果他只是拿着勺子玩，而不好好吃饭，则应该收走勺子。

## 506. 7个月婴儿咀嚼固体食物的益处有哪些?

如果婴儿的乳牙萌出后没有得到充分有效地咀嚼，咀嚼肌就不发达，牙周膜软弱，甚至牙弓与颌骨的发育也会受到一定的影响。口腔中的乳牙、舌、颌骨是辅助语言的主要器官，它们的功能实施又靠口腔肌肉的协调运动。乳牙的及时萌出、上下颌骨及肌肉功能的完善发育，对婴儿发出清晰的语音、学会说话起着重要作用，所以给婴儿咀嚼固体食物，对婴儿的语言、牙齿的发育极其有益。

## 507. 7个月婴儿不会爬的原因有哪些?

爬行是婴儿运动发育过程中的一个重要阶段，是一个极好的全身运动。爬行可以使全身各部位都参与活动，锻炼肌肉力量，为站立和行走做准备。近年来，不学爬直接学走的婴儿较多。婴儿最好是按顺序先会翻身、能坐，然后学爬、扶着站，到能走，这是一个规律。如果哪一阶段缺失对以后的发育都会有影响，单纯的不会爬不算是异常。婴儿学走路以前学爬，可以使婴儿学会运用脚上部的力量，等以后走起来也会稳当些。但如果婴儿到了1岁还不会爬，甚至连其他动作也不发育，可到医院检查就诊。

## 508. 辅食添加时最先添加的食物是什么?

含铁米粉是首选的最适宜的添加食品。6个月后婴儿缺铁性贫血的发生率较高，故最好选用为婴儿特制的含强化铁的米粉。刚开始喂时，可先用小勺喂些母乳，使婴儿接受小勺喂养，随后将1/4小勺米粉轻轻放入婴儿舌中部。刚开始喂时，婴儿将经过舔、勉强接受、食物在口中打转、吐出、再喂等过程，反复几次到十几次，并经过数天才能接受新的食物。婴儿一两次的拒绝并不能说明不接受该食物。不要将泥糊状食物装入奶瓶中喂养，如果婴儿长期依赖奶瓶，还会影响从泥糊状食物过渡到固体食物，并可能影响口腔发育。

## 509. 7个月的婴儿怎样添加蔬菜和水果?

在添加米粉1～2周后，可开始添加蔬菜和水果。可先从添加菜汁、果汁开始，当婴儿适应后，再改为菜泥、果泥，最后过渡到小颗粒状蔬菜和水果。水果较甜，应在添加了蔬菜后再添加，以免婴儿由于偏爱水果而不愿意接受蔬菜。开始添加时，第一天喂1～2勺，第二天喂2～3勺，第三天喂3～4勺，逐渐增加。每次只添加一种，如无腹泻、呕吐、皮疹等过敏反应，3～7天后再添加另外一种，每天果汁摄入总量不要超过50～100毫升，最好用1～2倍的水冲调，分次添加。

## 510. 7个月婴儿只爱吃奶不爱吃泥糊状食物怎样处理?

婴儿刚开始接触泥糊状食物时，可能因不适应而将食物吐出或含在口中不咽，这是正常的现象，可以通过如下三种方式解决：

（1）每次喂奶前先喂1～2口糊状食物，然后再喂奶，婴儿在饥饿时容易接受。

（2）用母乳或婴儿平时熟悉的味道调制泥糊状食物，有利于婴儿接受食物的味道。

（3）逐渐减少奶的摄入量，使婴儿减少对奶的依赖并有饥饿感。如果在试着喂婴儿食物时，他哭泣并强烈拒绝，应重新恢复母乳或配方奶喂养1～2周后，再试着喂他。

## 511. 7个月婴儿抗病能力骤降时家长应注意什么?

7个月的婴儿机体抗病能力骤降，那是因为婴儿在6个月以后母体中带来的免疫球蛋白开始减少，甚至耗尽，婴儿开始容易生病，家长在这一阶段要定期带婴儿去医院进行预防接种，这是预防婴儿传染病的有效措施，并保证婴儿营养，各种营养素如蛋白质、铁、维生素D等都是婴儿生长发育所必需的，而蛋白质更是合成各种抗病物质如抗体的原料，原料不足则抗病物质的合成就减少，婴儿对感染性疾病的抵抗力就差。另外保证充足的睡眠也是增强体质的重要方面。进行体格锻炼是增强体质的重要方法，可进行主、被动操以及其他形式的全身运动，多进行户外活动，多晒太阳和多呼吸新鲜空气。

## 512. 7个月的婴儿患"婴儿癣"有什么症状？如何预防？

癣病是由致病真菌传染的皮肤病，婴儿常接触的猫和狗还有兔等宠物，这些动物感染的真菌可以使婴儿患癣病。"婴儿癣"多发生在手、前臂和躯干上，患处为圆形或椭圆形脱屑斑片，癣的边缘由小红皮疹组成圆圈，癣继续发展，圆圈皮疹融合成片，如同地图。如果长在头发里，往往到头发脱落时才被家长发现。婴儿患癣，因皮肤娇嫩不要随便使用成人的外用药，应到医院就诊。为了预防婴儿长癣，最好不要随便收留被人遗弃的病猫、病狗，家里的宠物患病，要及时治疗。

## 513. 7个月婴儿出现阳光过敏怎么办？

日光性皮炎多是在太阳下暴露皮肤2～6小时以上，皮肤发红，出现红斑、水疱、皮疹，并有痛痒感，经过3～4日后，红斑逐渐变为暗红色，逐渐消退。水疱破裂后干燥结痂，表皮脱屑，留有色素沉着。患日光性皮炎的婴儿应经常户外活动，增强皮肤耐受力，严重者避免日晒，外出时注意遮阳，穿长袖、长裤、浅色衣服，在外暴露的皮肤上涂防晒护肤品，日晒出现红斑后，立即用冷水湿敷局部，以减轻反应，或找专业医生就诊。

### 514. 7个月婴儿吃蛋黄过敏应如何处理？

约有3%的婴儿吃鸡蛋后出现腹泻、皮疹、呕吐等过敏反应。当出现过敏反应时，首先应明确造成过敏的原因，如确认为鸡蛋过敏，则立即停喂鸡蛋，待婴儿肠道发育进一步完善，对异种蛋白的屏障作用增强后，再重新试喂鸡蛋。重新开始喂鸡蛋时每次应只喂少量蛋黄，并仔细观察婴儿的反应，缓慢增加每次的摄入量，每1～2周加量1次，直到婴儿适应为止。

### 515. 7个月婴儿缺铁性贫血会出现什么症状？

婴儿贫血的临床表现为：面色苍白或萎黄、眼睑和唇舌色淡、食欲减退、烦躁、爱哭闹、体重不增、发育迟缓等。由于铁缺乏时造成细胞功能紊乱，导致注意力减退和智力减低等非造血系统的表现。含铁食物摄入不足是造成婴儿贫血的常见原因。

## 516. 7个月婴儿怎样预防缺铁性贫血的发生？

为预防婴儿贫血，6个月后要逐渐添加含铁较高的辅食，如肝脏、动物血、蛋黄、瘦肉、和绿叶蔬菜等，同时注意维生素C和维生素A含量高的果蔬的摄入，以促进铁的吸收，预防性补铁以食补为好，不主张盲目自行应用铁剂，婴儿如有贫血，应及时就诊，在医生的指导下给予铁剂，并定期随诊。

## 517. 7个月的婴儿怎样预防脊柱侧弯？

早期发现婴儿脊柱侧弯征象：当婴儿以立正姿势站立时，两肩不在一个水平面上，高低不平，两侧腰部皱纹不对称，双上肢肘关节和身体侧面的距离不等，如果发现以上情况，应及早到医院就诊。为了预防婴儿脊柱侧弯不主张婴儿坐的过早，且长时间地坐，婴儿容易疲劳，易造成脊柱弯曲，婴儿坐姿要正确，不要歪着趴在桌面上，同时应适当地变换体位与休息，以免造成脊柱侧弯。

## 518. 7个月婴儿能做的大运动动作有哪些？

连续翻滚：让婴儿练习俯卧——仰卧——俯卧连续翻滚，不断变更体位。爬行：让婴儿逐渐从匍行转到手膝爬行，腹部逐渐离开床面，用手臂转圈或后退。并用毛巾提起婴儿胸腹部，练习手膝的支撑力，为过渡到手膝爬行做准备。扶站：开始家长可扶着小儿腋下站立，然后逐渐让婴儿扶着小床、椅子站立，同时拉着婴儿学迈步。练习独坐，扶腋下迈步行走的动作。（见图7-2，图7-3）

图7-2　支撑　　　　　　　　　图7-3　独坐

## 519. 7个月婴儿能够完成的精细动作有哪些?

双手对击：训练婴儿双手玩玩具，并能对击或拍手，发出各种声音，促进手、眼、耳、脑感知觉能力的发展。抓握、捏取玩具：训练婴儿能用拇指和其他手指配合抓起积木。还可以给婴儿一些小丸状物品，让婴儿练习捏取，用拇指与食指相对准确地将小物品捏起，使抓、拿、捏的手指动作更加熟练。拿起放下：训练婴儿拿起一个玩具，再拿另一个玩具。（见图7-4，图7-5）

图7-4 抓取

图7-5 玩玩具

### 520. 如何培养7个月婴儿的适应能力及社交行为能力?

学认人物、听音找物,理解语言及认识物品。在寻找物品的游戏中,物质永久性的概念就在探索之中逐渐建立起来。让婴儿学习挥手、拱手、拍手动作。并教其做"再见"动作,帮助婴儿将两手握拳,上下摇动,学做"谢谢"动作,双手对拍学做"欢迎"动作。学会用杯子喝水,培养定点定时大小便及睡眠等生活规律。

### 521. 适合7个月婴儿的亲子活动有哪些?

双上臂独立支撑(婴儿俯卧撑);游戏具体方式是让婴儿俯卧位趴在地板上,家长用手扶住婴儿的臀部,轻轻抬起婴儿身体与地面平行,在练习几次后,可轻轻左右摇晃婴儿身体。这个亲子活动的目的是锻炼婴儿背部及上肢的力量。

## 522. 7个月婴儿如何保持"吃"和"动"的平衡?

吃是为了健康，小儿每日摄入产能营养素所产生的热能，50%用于维持生命的基础代谢，如维持体温、呼吸、心跳等；20%～30%用于生长发育；还有10%～15%的热能用于运动，食物是人类不可缺少的部分。

## 523. 给婴儿喂配方奶粉，是不是越浓越好?

许多妈妈以为配方奶越浓婴儿吸收的营养就越多，生长发育的就越快，于是在喂养时，很自然地就倾向于多加奶粉少加水，浓度超出正常比例的标准，这种做法完全是错误的。配方奶按产品说明，浓度与婴儿的年龄也成正比，给婴儿吃配方奶的浓度过大，其中营养成分浓度也会升高，如果浓度超过了婴儿胃肠道的吸收限度，不但消化不了，还可能损伤消化器官，导致婴儿腹泻、便秘、食欲不振甚至拒食，久而久之非但体重不增加，还会引起消化系统疾病。

## 524. 冲调配方奶用多少度的水温合适?

冲配方奶不宜用100℃的开水，更不要放在电热杯中蒸煮，水温控制在40℃～50℃为宜，因为配方奶中的蛋白质受到高温作用，会由溶胶状态变成凝胶状态，导致沉淀物出现，影响配方奶产品质量。

## 525. 7个月婴儿拒绝使用奶瓶怎么办?

6个月后的大部分妈妈面临回到工作岗位,奶瓶就变成了重要的育儿工具,可是很多婴儿已经熟悉了妈妈的乳头,不接受奶嘴,令很多家长困扰,让婴儿接受奶瓶是一个循序渐进的过程,需要逐步训练,训练吃奶瓶一定要选择在婴儿饥饿的状态下,选择其心情相对愉悦的时候,起初将母乳保存在奶瓶中,由婴儿熟悉的人喂奶,对于过于敏感的婴儿可以睡前妈妈喂母乳,在有睡意的时候,改用奶瓶。经过多次的尝试,婴儿一定会接受的。

## 526. 如何给婴儿做奶瓶适应训练?

习惯了乳头的婴儿是不会轻易接纳胶制奶嘴的,妈妈可以尝试小杯和小勺一点点地喂,让婴儿先摆脱乳头错觉,时间长了就容易接受乳头外的东西来吃奶了。家长在选择奶嘴的时候,最好选择接近乳头的奶嘴,并适当把奶嘴的孔开大,让奶水漏到嘴里比较容易,让婴儿尝到甜头。在添加水的时候,也用奶瓶,慢慢培养起来婴儿对奶瓶的兴趣。

## 527. 什么样的食品是最佳的婴儿磨牙小食品?

柔韧的条形地瓜干:这是比较普通的小食品,正好适合婴儿的小嘴咬，价格又便宜。如果家长觉得婴儿牙床娇嫩，可在米饭煮熟后，把地瓜干撒在米饭上闷一闷，地瓜干就会变得又香又软。手指饼干或其他长条形饼干：这月龄的婴儿愿意自己拿东西啃，手指饼干既可以满足婴儿啃咬的欲望，又可以让他练习自己吃东西。值得注意的是，不要选择口味太重的饼干。新鲜水果条、蔬菜条：新鲜的黄瓜、苹果等切成小长条，又清凉又脆甜，还能补充维生素。

## 528. 家长如何给婴儿选择合适的衣服?

婴儿期的时候家长不要准备过多的衣服，因为婴儿生长得很快，多买会造成浪费。衬衣、外衣、连体服、帽子、短衫、袜子等都各准备3套即可，家长为婴儿选择衣服时，要注意婴儿衣服的材料柔软、舒适，且缝合处不能太硬，最好是纯棉或纤毛的天然纤维织品，因为天然的纤维织品会帮助婴儿更好地调节体温。

## 529. 婴儿可以看电视吗?

很多人对婴儿看电视持反对意见，怕对婴儿的视力有不良的影响。其实只要方法正确，是可以适当让婴儿看电视的，而且看电视还有很多好处，可以发展婴儿的感知能力，培养注意力，防止怯生。婴儿在这个月龄已有了一定的专注力，并且对图像、声音特别感兴趣。这时，不妨让婴儿看看电视。不过，在看电视的时候要注意：第一，时间不要超过10分钟，看完电视后用湿毛巾给婴儿擦个脸。第二，不要照明灯全部关闭，要留一盏小灯，起到保护视力的作用。第三，不要离电视距离太近，2～3米适宜，如果家里电视过大，应适当距离加远。第四，电视节目要选择画面清晰，符合婴儿期内容的节目。

## 530. 怎样为婴儿进行面部护理?

婴儿的皮肤会因气候干燥缺水而受到伤害，平时不要用比较热的水洗脸，可以选择温水来洗，减少油脂被过度的洗掉。可以在洗脸后，擦上婴儿护肤品，形成保护膜。

在婴儿嘴唇干裂时，可以先湿热敷小毛巾，让嘴唇充分吸收水分，然后涂婴儿润唇膏，平时注意给婴儿多饮水，也要避免房间内空气过于干燥。

婴儿眼睛分泌物过多，有时眼角发红，在排除眼部疾病的情况下，每天可以用温湿的纱布擦拭。

婴儿鼻腔内的分泌物阻塞而影响呼吸的时候，可用湿棉签在鼻孔口轻轻卷出分泌物，不可伸入鼻腔抠取。

## 531. 使用婴儿车的注意事项有哪些?

7个月的婴儿就要经常出去晒晒太阳，呼吸新鲜空气，不过，抱着时间久了家长会很累，也不方便，所以给婴儿准备婴儿车就很必要了。此月龄的婴儿独坐不稳的情况下，比较适合坐卧两用的婴儿车，婴儿在车中一定要使用安全带，松紧度以放入家长4指为宜，调节部位的尾端最好能剩出3厘米。在婴儿车车筐以外的地方不要悬挂物品，以免砸到婴儿，婴儿在车中家长不要随意离开，并在静止时候固定轮闸，不可婴儿在车中，连人带车一起搬起，这都是非常不安全的行为。不要在滚梯上或有高低差异的台阶上使用婴儿车，不要长时间让婴儿坐于车上，时间久了会让婴儿肌肉负荷过重，应坐一会家长抱一会，交替进行。

**532.** **婴儿夏天可以睡凉席吗？**

炎热的夏天，人们都喜欢睡在凉席上，婴儿也是可以使用凉席的，只不过要注意几点问题：第一，选择麦秸质地的凉席，这种凉席松软，吸水性好，不可选择竹席，否则婴儿容易受凉。第二，不要让婴儿直接睡在凉席上，应铺个棉布床单，以防太凉及蹬腿时擦破皮肤。第三，注意凉席清洁卫生，使用前要用开水擦洗凉席，并放在阳光下暴晒，如果凉席被尿湿应及时清洗，保持干燥。

**533.** **婴儿的房间可以使用蚊香吗？**

夏天蚊虫大量滋生，如果婴儿被蚊虫叮咬就会又疼又痒，更有甚者还会被传染病病菌侵袭。现在除了传统式的蚊帐外，还有很多蚊香和杀虫剂作为灭蚊的方式，杀虫剂会引发婴儿急性溶血反应，是坚决杜绝使用的，对于蚊香一定要选择婴儿蚊香，并尽量放在通风好的地方，切忌长时间应用。所以，考虑到婴儿的健康，首选蚊帐来防蚊虫。

## 534. 怎样自制健康无害防蚊液的小妙方?

在生活中可以巧妙地利用植物来防蚊。如把橘子皮、柳橙皮晾干后包在丝袜中放在墙角，散发出来的气味既防蚊又清新了空气，可将天葵精油（4滴）滴于杏仁油（10毫升）中，混合均匀，涂抹于婴儿手脚部（脸部可少涂些），婴儿外出或睡觉时可防蚊子叮咬，买一盏香薰炉，滴几滴薰衣草或尤加利精油，空气清新又能防蚊，但其香味维持的时间一般只有1~3小时，家长要掌握好时间。

## 535. 婴儿被蚊虫叮咬后怎样处理?

婴儿被蚊虫叮咬后主要的处理方法就是止痒，可外涂止痒药物，也要注意经常给婴儿洗手、剪指甲，以防婴儿被蚊虫叮咬后搔抓叮咬处，导致继发感染。如果婴儿皮肤上被叮咬的地方过多，症状较重或有继发感染，最好尽快送婴儿去医院就诊，同时及时清洗并消毒被叮咬的部位。

## 536. 怎样读懂7个月婴儿的表情?

婴儿在学会说话之前，有着丰富的体态语，包括面部表情和手势。当他出现瘪起小嘴的时候，一般都是对家长有所求，比如饿了、寂寞了、想让家长抱一抱了；当他红脸横眉的时候，目光发呆伴使劲状，这是要解大便的信号；当他玩弄舌头吐泡泡，这是婴儿在状态很好的情况下独自玩耍，不愿意被别人打扰；如果出现目光呆滞，神色黯淡，有可能就是身体不适的表现了，家长就要留意婴儿的各项指标及有无生病的症状。

## 537. 怎样让7个月的婴儿与爸爸更亲密？

7个月龄的婴儿已经出现了情感依赖，因为每天与妈妈在一起密切的接触，自然会很亲近，有时会出现与爸爸的疏远，这个时候最好的办法就是让爸爸和婴儿两人自己去磨合，让婴儿接受当妈妈不在时，爸爸也能把自己照顾得很好，爸爸可以与婴儿通过身体的近距离接触，利用搂抱、用育儿袋等方式让婴儿获得安全感。让爸爸经常性地给予婴儿换纸尿裤、给他喂饭、哄他睡觉、夜间喂奶等方式，让婴儿与爸爸之间的关系更亲密。

## 538. 7个月的婴儿超重家长应该怎么办？

如果婴儿已经超重，家长就要严格掌握婴儿的饮食原则，正确巧妙地调整辅食的添加，第一，不要习惯用鸡汤、骨头汤、肉汤等为婴儿熬粥炖菜，其实，原汁原味的粥、面、菜、肉是最适宜婴儿的辅食，肉汤偶尔为之即可，而且还应撇去浮在表面上的白油。第二，午餐"瘦"一些、晚餐"素"一些，肉类最好集中在午餐添加，宜选择鸡胸、猪里脊肉、鱼虾等高蛋白低脂肪的肉类；而晚餐的菜单中则最好以木耳、嫩香菇、洋葱、香菜、绿叶菜、瓜茄类蔬菜、豆腐等为主。第三，避免淀粉类辅食在婴儿饮食中比例太大，土豆、红薯、山药、芋头、藕等食物，尽管营养价值高，但由于易"嚼"且含有大量淀粉，因此容易被吃多，故而容易"助长"婴儿的体重。第四，管住"油"和"糖"，这是两个"瘦身克星"，不要过多出现在体重过大的婴儿的辅食中。此外，磨牙棒和小饼干固然是锻炼婴儿咀嚼能力的好工具，但也是含油或糖较高的食品，不宜多给胖婴儿吃。第五，控制水果，只"吃"不"喝"，如果婴儿吃饭很好，就没有必要在正餐之外还吃很多水果，每天半个苹果量的水果就足够了。第六，适量吃粗粮，各种杂豆、燕麦、荞麦、薏米等杂粮远比精米精面更能增加婴儿的饱腹感，加速代谢废物排泄，待婴儿的胃肠能够接受时，可以做成烂粥烂饭给体重过大的婴儿食用。

### 539. 为什么鸡蛋不是吃得越多营养越多?

鸡蛋无论是蛋清还是蛋黄，其富含优质蛋白是众所周知的，特别适合给正在迅速生长发育的婴儿吃。因此，很多家长就给婴儿大量吃鸡蛋，觉得婴儿吃得越多越好。研究表明，鸡蛋并不是吃得越多越好。以6个月前的婴儿为例，他们的消化系统尚未发育成熟，肠壁的通透性较高，可使鸡蛋中的白蛋白经过肠壁直接进入到血液中，刺激体内产生抗体，从而引发湿疹、过敏性肠炎、喘息性支气管炎等不良反应。而且，婴儿的胃肠道消化酶分泌还较少，一周岁左右的婴儿每天吃3个鸡蛋就不容易消化了。另外，过多吃鸡蛋会增加消化道负担，使体内蛋白质含量过高，在肠道中异常分解，产生大量的氨，引起血氨升高，同时加重肾脏的负担，引起蛋白质中毒综合征，出现腹部胀闷、四肢无力等不适。

## 540. 7个月婴儿总打嗝怎么办？

婴儿有时突然会不停地打嗝，这让家长十分着急，这种现象可以由多种原因引起，当婴儿不停地打嗝时，除了去除引发原因外，不妨再试试以下方法：

（1）拍背并喂上点儿温热水。如果婴儿是受凉引起的打嗝，家长抱起婴儿，轻轻地拍拍他的后背，然后再给婴儿喂上一点温热水。

（2）刺激婴儿的小脚底。如果婴儿是因为吃奶急、过多或奶凉而引起的打嗝，家长可刺激婴儿的小脚底，促使婴儿啼哭，这样可以使婴儿的膈肌收缩突然停止，从而止住打嗝。

（3）把食指尖放在婴儿的嘴边。家长可将不停打嗝的婴儿抱起来，把食指尖放在婴儿的嘴边，待婴儿发出哭声后，打嗝的现象就会自然消失。

（4）轻轻地挠婴儿的耳边。婴儿不停地打嗝时，在婴儿耳边轻轻地挠痒，并和婴儿说说话，这样也有助于止住打嗝。

（5）转移婴儿的注意力。家长可试试给婴儿听音乐的方法，或在婴儿打嗝时不住的逗引他，以转移注意力而使婴儿停止打嗝。

## 541. 7个月婴儿在家中理发应注意什么?

现如今, 很多家长会在家中为婴儿理发, 一来带婴儿去理发店不是很方便。二来婴儿对家中环境比较熟悉, 比较容易配合。理发店陌生、吵闹环境可能会让婴儿更加不安。在家中理发应注意动作轻柔, 不可和婴儿较劲, 要顺着婴儿的动作, 随时注意婴儿的表情, 如果婴儿不高兴、想要哭闹, 应立即停止理发工作。这样做是为了防止婴儿哭闹时碰伤婴儿。整个理发过程要不断与婴儿进行交流, 鼓励婴儿, 分散婴儿的注意力, 以达到和其相互配合的目的。

## 542. 7个月婴儿怎么逐渐添加多种固体食物?

进入第7个月, 婴儿的体格发育逐渐减慢, 自主活动明显增多, 每天的热能消耗不断增加, 饮食结构也要随之进行调整。在这一阶段, 婴儿在吃辅食方面有一个显著的变化, 就是可以吃一点细小的颗粒状食物和小片柔软的固体食物了。这是因为, 大部分的婴儿在第7个月已经开始长牙, 有了咀嚼能力, 舌头也有了搅拌食物的功能。给他增加一些小片的、用舌头可以捻碎的柔软食物, 可以进一步锻炼婴儿的咀嚼能力, 使婴儿尽快完成向固体食物的转变。这一阶段辅食添加的基本原则是: 每天添加的次数基本不变, 一天3次, 添加的时间不变, 但是要尝试着使辅食的种类更加丰富, 并且要注意合理搭配, 以保证能给婴儿提供充足而均衡的营养。

## 543. 爬行阶段对婴儿的重要性是什么?

爬行可以促进婴儿的大脑发育,因为大脑的发育并不是孤立的,它需要来自其他脑部(如小脑、脑干)的刺激而发育起来,而爬是婴幼儿从俯卧到直立的一个关键动作,是全身的综合性动作,需要全身很多器官的参与。在爬的时候,双眼观望,脖子挺起,双肘、双膝支撑,四肢交替运动,身躯扭动,这不仅需要自身器官的良好发育,更需要它们之间的协调配合才能向前运动,因此,爬对大脑发育有很大的促进作用,爬行是婴儿生长发育的关键阶段。

## 544. 婴儿开始学习爬行家长应该做哪些准备?

婴儿学习爬行是一个非常重要的过程,家长要十分重视,要适时地训练婴儿,让其越爬越好。在爬行的过程中安全也是至关重要的,家长要注意以下几点:

(1)创造良好的条件,在家中给婴儿留一小块爬行的空间,场地要干净卫生并有良好的视野。

(2)选择合适的爬行服,在爬行时不要让婴儿的肚子摩擦到地面,爬行服前不要有大或硬的饰物及扣子,防止爬行时磕碰婴儿。

(3)准备激发爬行兴趣的玩具,如颜色鲜艳、会响的玩具,这样能引发婴儿的好奇心,才能促使婴儿努力向前爬。

(4)应在家长的看护下练爬行,推荐泡沫地垫,太软的床不适合练习，但地垫一定要选择环保无毒的材料。

（5）建议家长给婴儿准备护具佩戴，爬行时很容易磨痛关节部位的，所以最好给婴儿带好护肘和护膝，家中的家具的尖角最好用防撞条包裹，尤其要注意电源插座，避免使婴儿在爬行练习中受伤。

## 545. 什么是训练婴儿爬行的三阶段？

婴儿的爬行可分为三个阶段，第一阶段：婴儿常以腹部为支点，用手使劲，腿常常翘起或足尖着地，此时手臂力量大一些，常使婴儿往后倒退，或打转转。训练方法是让婴儿俯卧在地面，腿弯曲时由家长用手掌顶住他的脚板，他就会自动伸腿蹬住家长的手往前爬，这种被动的爬行，使腿部

图7-6　抬头爬行

肌肉获得锻炼。第二阶段：婴儿俯卧，开始时家长仍可以用手掌顶住他的脚板，他会伸腿蹬住家长的手，身体向前蠕动。由于婴儿颈部力量较强，上半身能抬起，家长可拿起婴儿的双手往前挪动一点再放下，便于婴儿学会通过挪动手来带动身体。之后，婴儿逐渐能自己用手往前挪动，用手臂带动身体匍匐爬行。第三阶段：经过前两阶段的练习，婴儿逐渐学会了将胸部、腿部悬空。如果上肢的力量不能将身体撑起，胸、腹部不能离地时，家长可以用一条宽毛巾放在婴儿的胸

腹部，然后提起毛巾，使婴儿胸、腹部离开地面，全身重量落在手和膝上。家长拿起婴儿的手交替向前，交替挪动婴儿的下肢支撑身体向前运动。反复练习后，婴儿就逐渐学会了膝盖和手掌一起协调爬行。（见图7-6）

## 546. 引导婴儿爬行的技巧有哪些?

7个月的婴儿已经很好地掌握了"爬"这项活动的技巧，家长可以根据婴儿的特点，训练其双腿力量，并为走做准备，训练最好选择在餐后1小时，觉醒的状态下进行。多增加爬行的趣味性，激发婴儿的爬行兴趣，最好在爬行的前方摆放能吸引婴儿的玩具，引诱婴儿去抓，如开始婴儿腿部力量不够时，家长可以用手推着婴儿的双脚，使其借助外力向前移动，接触到玩具。以后逐渐减少帮助，训练婴儿自己爬。通过练习可以逐渐增加难度，在居室内放一些纸盒子来设置障碍，并且在"沿途"放一些小玩具，起到吸引婴儿的作用。家长也可以和婴儿一起爬行，陪婴儿从一个房间爬到另一个房间，找到某一个玩具，逗引着婴儿爬完设置的路线，切记家长在婴儿练习爬行的过程中要不断给予鼓励，训练时间可以逐渐延长，要循序渐进，不可急躁。

# 8个月

**547.** **8个月婴儿体格发育的正常值应该是多少?**

体重:男婴平均8.6千克,女婴平均7.9千克。身长:男婴平均70.6厘米,女婴平均68.7厘米。头围:男婴平均45.1厘米,女婴平均43.7厘米。牙齿数:正常范围2颗左右。

**548.** **8个月婴儿智能应发育到什么水平?**

大运动:双手扶物可站立。精细动作:拇指、食指捏住小球(直径0.5厘米),手中拿两个积木,并试图取第三块积木(正方形,边长2厘米)。适应能力:持续用手追逐玩具,有意识的摇铃。语言能力:模仿声音。社交行为:懂得成人面部表情。

**549.** **8个月婴儿的视觉发育应达到什么程度?**

8个月的婴儿有一个十分显著地表现行为,那就是四处观望。他们会东瞧瞧、西望望,似乎永远也不会疲劳。8个月到3岁大的孩子们,会把20%的非睡觉时间,用在一会探望这个物体,又一会探望那个物体上。

**550.** **8个月婴儿的听觉发育应达到什么程度?**

8个月的婴儿对于话语的兴趣一周比一周浓厚了。慢慢地，家长叫他的名字他就会反应过来，家长要他飞吻一个，他会遵照要求表演。由于此时婴儿已经能把语言和物品联系在一起，因此，家长可以教他认识更多的事物，让婴儿通过摸、看或尝等方式，认识更多的事物。

## 551. 8个月婴儿喂养中应注意什么？

8个月的婴儿此时母乳喂养开始减少，必须给婴儿增加辅食，以满足婴儿生长发育的需要。辅食多样化，要逐渐增加饮食量，注意消化不良。添加鱼泥、肝泥、肉泥等辅食，食物颗粒逐渐变大，稠度渐渐的增加，添加锻炼咀嚼的食物。母乳喂养的婴儿每天喂3~4次母乳（早、中、晚），上、下午各添加1次辅食。人工喂养的婴儿每天需750毫升左右配方奶，分3~4次喂，上、下午各喂1次辅食，婴儿8个月时，消化蛋白质的胃液已经充分发挥作用了，所以，可以多吃一些蛋白质食物，如豆腐、奶制品、鱼、瘦肉泥等。

## 552. 8个月婴儿的日常养护要点是什么？

8个月婴儿的养护要点：学爬行、指鼻眼、捏小珠子。要让婴儿有交朋友的意识，学"谢谢"、"再见"，培养与人交往的能力。要慢慢培养学会坐便盆。注意增加辅食的种类，使营养丰富全面。尤其是要注重培养婴儿良好的睡眠习惯，婴儿和父母一起睡，对婴儿的身体发育有影响，并且还会影响父母的正常休息。婴儿单独睡眠不仅可以锻炼其独立性，还对其身体健康有利。所以，要培养婴儿从小单独睡眠的好习惯。

## 553. 如何培养8个月婴儿便盆大小便？

8个月的婴儿已经能坐得很好了，每天要让他自己坐便盆大小便，在坐便的时候不要让他吃东西，也不要让他玩，不要坐的时间太长，大小便完后就起来。开始只是培养习惯，一般婴儿不习惯，一坐便盆就"打挺"，这时不要太勉强，但每天都要坚持让婴儿坐，这样训练一段时间就可以了。婴儿最好用塑料的小便盆，盆边要宽而且光滑。这样的便盆不管夏天还是冬天都适用。

## 554. 如何培养8个月婴儿按时吃和睡？

如果婴儿不能按时吃和睡，也不必着急，每到该吃的时候，喂他吃，但不必强迫他吃，到该睡的时候仍然把他放在床上去睡。当他做得好的时候就称赞他，长时间坚持下去，就能使婴儿养成有规律的生活习惯。在大人喂饭时，大人用一只勺子，让婴儿也拿一只勺子，许可他用勺子插入碗中，此时，婴儿分不清勺子的凹面和凸面，往往盛不上食物，但是让他拿勺子使他对自己吃饭产生积极性，有利于学习自己吃饭，同时也促进了手、眼、脑的协调发展。

## 555. 如何为8个月婴儿选择合适的鞋?

8个月的婴儿会坐、会翻身后,渐渐开始能扶着栏杆站起啦,平时也喜欢站在大人腿上又蹦又跳,因此选择一双合适的鞋显得尤为重要。最好选择软底布鞋,大小一定要合适,穿上鞋后前面应有一点空余。给婴儿试鞋子时,一定要让婴儿穿上鞋后站起来,再判断鞋的大小。一般婴儿站着的时候脚尖前有半个拇指大小的空隙为宜。婴儿的脚长得比较快,2个月左右就须更换一次,家长应经常给婴儿量脚的大小,以便及时更换鞋,保证婴儿穿的舒适、活动方便。

## 556. 8个月的婴儿可以吃动物肝脏吗?

婴儿经过6个月的纯母乳喂养后,从母体获得的铁将逐渐面临耗尽。到8个月时要视婴儿消化系统发育情况,逐渐添加含铁高的泥糊状食物,如加强化铁的米粉、蛋黄、肝泥等。动物肝脏如猪肝、羊肝含有较多的血红素结合铁,易于吸收,是婴儿比较适宜的食物之一。有家长担心动物肝脏是解毒器官,含有大量毒素,不能食用。肝脏确实是解毒器官,但它并不储存毒素,其作用是解毒和排除毒素,因此,婴儿8个月后可以放心食用动物肝脏,每周食用1～2次即可。

### 557. 为什么8个月的婴儿经常出现凌晨醒来就不肯再睡的现象？

许多婴儿凌晨会很早醒来不肯再睡，使父母感到为难。有的婴儿并未完成一夜中的最后一个睡眠周期，要到早上8～9点钟可能小睡一次以上补足最后一个睡眠周期。对这种情况应鼓励婴儿重新入睡，完成最后一个睡眠周期，不要开灯，不要与婴儿谈话或陪他玩耍，使用深色的窗帘阻挡清晨的光线进入房间，或让婴儿独处，或让婴儿哭闹几分钟，他将学会自动重新入睡，完成最后一个睡眠周期。

### 558. 婴儿夜间入睡太早，以致很早醒来怎么办？

有的婴儿是因夜间入睡太早，以致很早醒来，拂晓时就开始他一天的活动。对这种情况，给婴儿入睡前更长的活动时间可能有所帮助，或将一天的活动、睡眠程序逐步延迟，不过，并非所有的婴儿都能在夜间较晚入睡，除了适应他的睡眠方式外，几乎没有其他选择。随着婴儿的成长，再逐步培养婴儿形成规律的睡眠日程。

### 559. 怎么观察及判断8个月婴儿的睡眠及健康状况？

正常的婴儿在睡眠时比较安静，舒适，呼吸均匀而没有声响，有时脸部会出现一些有趣的表情。婴儿在刚入睡时或即将醒来时满头大汗，大多数婴儿夜间出汗是正常的。婴儿入睡后大汗淋漓，睡眠不安，同时伴有方颅、出牙晚、囟门闭合太迟等征象，应注意佝偻病的发生。若夜间睡觉前烦躁、入睡后面颊发红，呼吸急促，脉搏增快，是发热前兆。若睡眠时哭闹，时常摇头、抓耳，有时还发热，这是可能患了外耳道炎或中耳炎。若睡觉时四肢抖动，则是白天过度疲劳所引起的，不过睡觉时听到较大的声响而抖动则是正常反应。若是睡觉后不断的咀嚼、磨牙，则可能是蛔虫，或白天吃的太多，或消化不良，或生长性磨牙。若睡觉后用手搔臀部，且肛门周围发炎，有白线头样的小虫在爬，则是蛲虫病。

## 560. 8个月婴儿倒睫毛如何处理?

　　婴儿倒睫一般病情较轻，即使倒睫触及角膜、结膜，由于睫毛极细而且柔软，除引起流泪外，不至于造成角膜损伤、混浊。轻度的倒睫，可以随年龄增长而逐渐自愈，故不宜急于手术治疗，也有部分婴儿的倒睫比较重，刺激眼睛而发生疼痛、流泪、异物感及结膜充血。如果在婴儿期间，每次喂奶时，母亲可用大拇指从鼻根部向下向外轻轻按摩下眼睑，使眼睑边缘每次按摩有轻度的外翻，每次按摩5分钟左右，婴儿的倒睫会逐渐地减轻。如果患儿倒睫较严重，对眼睛的刺激症状也比较明显，应到专业医院就诊。

## 561. 8个月婴儿能做的大运动动作有哪些?

　　拉物站起:让婴儿练习自己从仰卧位扶着栏杆坐起,逐渐到扶着栏杆站起,锻炼平衡身体的技巧。爬行:让婴儿能腹部离床用手膝爬行,逐渐过渡到手足爬行。还可设置障碍物,爬越障碍,锻炼小儿的四肢协调能力,主动接触认识事物,促进认知能力发展,并为站立行走打下基础。(见图8-1,图8-2,图8-3,图8-4)

图8-1　扶物站立

图8-2　拉物站起

图8-3　爬行

图8-4　扶物站立

## 562. 8个月婴儿能做的精细动作有哪些?

食指拨玩具:把住婴儿的食指,教他拨弄玩具,如小转盘、小按键、算盘珠子等,使玩具转动或发出声音,引起他拨弄的兴趣,或婴儿用食指深入洞内钩取小物品。捏取小物品:开始时婴儿用拇指、食指扒取,以后逐渐发展至用拇指和食指相对捏起。会使用拇指、食指捏到小物品,这是人类具有的高难度动作,标志着大脑的发展水平。对敲及摇动玩具:教婴儿双手敲玩具或主动摇动玩具,敲桌、敲小鼓等游戏。(见图8-5,图8-6)

图8-5 双手击掌

图8-6 精细动作

## 563. 如何训练8个月婴儿的适应能力?

寻找盖着的玩具:用毛巾、塑料杯、盒子或一张纸盖住婴儿正在玩的玩具,让他揭开遮盖物,将玩具找出。认身体部位：让婴儿看着娃娃或他人，家长可以用游戏的方法教认身体的各个部位。感知训练：多抚摸、亲吻婴儿，或配合儿歌或音乐的拍子，握着婴儿的手，教他拍手，按音乐节奏模仿小鸟飞，还可以让他闻闻香皂、花香，培养嗅觉感知能力。

## 564. 8个月婴儿的语言能力如何锻炼？

发连续音节：大人每天同婴儿说话，发出"爸爸"、"妈妈"、"娃娃"和"拍拍"等音节，让婴儿看着你的口型模仿，发音同时指相应的人和物，或同时做出动作。将音与人和物联系起来。任务和找物：将3～4种玩具放在婴儿够得着的地方，让婴儿找玩具递给家长。开始时家长可以把玩具拿给他，告知他名称，让他拿给大人。以后游戏可以扩展为取物品、取食物等，使婴儿认物范围不断扩大，理解语言，认识物品。语言动作联系：训练婴儿理解语言的能力，在拿婴儿熟悉的物品时，问婴儿要不要，让他用伸手、点头、谢谢等动作表示喜欢，或者推手、皱眉等表示不喜欢。表示"要"：当婴儿要一种东西时，要教他伸手来表示"要"，然后再拿给他所要的物品，并点头以表示"谢谢"。服从命令：对婴儿讲"坐下"、"不能吃"、"给我"等，婴儿会用动作来听从大人的要求。（见图8-7，图8-8，图8-9）

图8-7 8个月玩玩具　图8-8 8个月双手对击　图8-9 8个月微笑

### 565. 如何增强8个月婴儿的社交行为能力？

　　照镜子认识自己：每天抱婴儿照镜子2～3次，让他认识自己。还可给他戴上有色彩的帽子、好看的围巾、头花等，逗引他高兴、笑。增加交往机会：让婴儿多与人交往，培养婴儿善于理解和与人沟通的能力，逐渐学会"再见"、"欢迎"、"谢谢"等礼貌性动作。诱导患儿模仿：家长要经常在婴儿面前做事，并注意观察婴儿注视家长行动，开始时应给予诱导，逐渐学会模仿。

### 566. 8个月婴儿最适宜的亲子运动是什么？

　　8个月婴儿要注重肢体练习，比如"推小车"，具体方法是让婴儿俯卧趴在地面，家长扶住婴儿臀部，在婴儿前方约25～30厘米处放置一个颜色鲜艳的玩具，鼓励婴儿用手臂向前爬行拿到玩具。此游戏的目的在于锻炼婴儿上肢和背部肌

肉，增强婴儿双手配合的能力。

### 567. 什么是辅食添加的第二阶段？

8个月月龄后婴儿的辅食逐渐转变为第二阶段食物，直至过渡到成人食物。为保证主要营养素和高能量密度，此月龄的婴儿仍应维持乳量（600～800毫升/天），摄入其他食物量有较大的个体差异，以不影响乳类的摄入为限。幼儿期乳类摄入量以不影响主食的摄入为限（至少500毫升/天）。

### 568. 8个月的婴儿每天喝自己家熬制的水果饮品是不是可以代替喝水？

这一月龄的婴儿味觉得到了充分的刺激，是十分敏感的。有的婴儿每天只喝自己家熬制的梨水、苹果水、蔬菜水，不喝或很少喝白开水。有些家长认为自制的饮品没有加糖，对婴儿的牙齿不会有害。其实自制的这些饮品仍属于含糖饮料，只是比商业性饮料含糖少，时间久了婴儿的习惯一旦形成，牙齿仍然还是处于患龋风险中，所以还是建议婴儿以饮用白开水为主，其他饮品为辅。

### 569. 辅食中鸡蛋的添加方法是什么？

婴儿在7～8个月时可渐渐喂食全蛋，母乳喂养儿也应尝试以补充蛋白的不足，有的婴儿可对鸡蛋清或别的动物蛋白质发生过敏，虽属少见也应预防，故一般蛋黄较蛋白先尝试。待食至1个蛋黄后可喂蒸蛋羹，每日一只鸡蛋。

### 570. 婴儿不爱喝白开水怎么办？

很多婴儿喜欢喝饮料，不爱喝白开水，家长在纠正他的行为中，不要强迫他喝白开水，要有耐心，适当引导。不要等婴儿吃饱了以后再喂水，可以在其饥饿的时候先喂，然后再吃奶，吃饱后再喂一点点水。可以给婴儿喝鲜榨果汁、煮水果或蔬菜的饮品、补钙的冲剂，或吃点汁水多的水果如西瓜、橘子等，久而久之，婴儿就会养成喝白开水的习惯了。

### 571. 婴儿开始萌牙了，如何做好家庭护理？

婴儿8个月时，上颌的中切牙开始慢慢萌出，大概会在6～7岁时脱落。为了保护婴儿的乳牙，每次给婴儿喂养食物后，再喂几口白开水，以便把残留的食物冲洗干净，入睡前不要让婴儿含着乳头吃奶，乳牙开始萌出后，应每天早晚两次给婴儿口腔清洁，要经常带婴儿到户外活动，晒晒太阳，不仅可以提高婴儿的免疫力，还有助于钙的吸收，并可以由此转移婴儿的注意力，从而纠正例如咬手指、空吸乳头等一些不良习惯。

## 572. 如何减轻婴儿出牙期的痛苦?

出牙期的症状常常包括发脾气、流口水、咬东西、哭闹、牙龈红肿等,家长可以尝试一些方法缓解婴儿的这些不适症状,可以洗净双手轻轻帮婴儿按摩一下牙龈,有助于缓解婴儿出牙的痛苦,但要注意避免咬伤。也可利用奶瓶,将奶瓶注入水或果汁,然后奶瓶倒置,使液体流入奶嘴,直至冻结,婴儿会很喜欢咬冻奶嘴,但是家长要经常检查奶嘴是否完好,咀嚼动作也可帮助牙齿冒出牙龈,像磨牙饼干、硬点的面包都是咀嚼的绝佳物品。还有就是家长要多陪婴儿玩游戏,从而转移他的注意力,让婴儿不再过分关注自己冒出牙齿的牙龈。

## 573. 怎么预防婴儿腹泻?

婴儿的消化功能不成熟,发育又快,所需的热量和营养物质多,一旦喂养不当就容易造成腹泻。因此家长在食品的选择上要格外注意新鲜和清洁,在婴儿期一定按辅食添加的原则进行,同时在多加强户外活动的情况下要注意腹部的保暖,对于轻度腹泻的婴儿,家长要及时为其补充水分,连续腹泻三天及中、重度腹泻的婴儿,应及时到医院就诊。

## 574. 8个月的婴儿喂养中辅食与母乳的比例应如何掌握?

8个月的婴儿每天需要喂5次,3次喂母乳,2次喂辅食。如果没有母乳,也可以用配方奶代替,每次150～180毫升,每天3次,另外加2次辅食。辅食的种类可以在前几个月的基础上增加面包、面片、芋头、山芋等品种。此外,这一阶段是婴儿学习咀嚼的敏感期,最好提供多种口味的食物让婴儿尝试,并对这些食物进行搭配。婴儿吃的每一餐,最好要由淀粉、蛋白质、蔬菜或水果、油这4种不同类型的食物组成,以满足婴儿在口味和营养方面的需要。但是要注意一点,这个时期的婴儿还不能吃成人的饭菜,也不要在给婴儿制作的辅食里面添加调味品。

## 575. 为什么避免肥胖要从婴儿抓起?

有关资料显示,目前我国婴幼儿肥胖发生率已超过10%。资料同时表明,6个月左右的肥胖儿在成年后的肥胖几率为14%;7岁的肥胖儿为41%,10～13岁的肥胖儿为70%。由此可见,婴儿肥胖将是成人期肥胖的"潜伏杀手",并成为糖尿病、高血压、高血脂及冠心病等疾病的"隐形炸弹"。儿童营养专家认为,避免发生肥胖应从婴儿开始,儿童肥胖的高峰就是在出生后12个月之内。 婴儿过多地吃甜食会产生很多不良后果,如引起肥胖症、诱发糖尿病、促使龋齿发生等。各种甜饮料或果汁中虽含有丰富的维生素，但天然果糖也很高，过多地喝这些饮料后，血糖增高，婴儿的饥饿感下降，引起厌食、胃肠不适甚至腹泻。随着婴儿的成长，味觉也会逐步发育成熟，家长要指导婴儿品尝食物的天然风味，并提供不同口味的家庭菜肴。家长可以把自己品尝鱼类、肉类、青菜萝卜等蔬菜，各色水果的不同味道告诉婴儿，让婴儿分享。家长要经常介绍健康食品的好处，并以身作则不挑食偏食，也不嗜好甜食。

## 576. 8个月婴儿还没有出牙是不是应该补钙了？

有些家长一见婴儿8个月还没有长牙以为是缺钙，于是便给婴儿吃鱼肝油和钙片，这是不可取的。婴儿出牙的快慢原因有很多：可能是遗传原因，也可能妈妈怀孕时缺乏一些营养，也可能是婴儿缺钙。总之，婴儿出牙晚不一定都是缺钙引起的。如果盲目补钙，可能会引起身体浮肿、多汗、厌食、恶心、便秘、消化不良等症状，严重时还容易引起高钙尿症，同时，补钙过量还可能限制大脑发育，并影响生长发育。血钙浓度过高，钙如果沉积在眼角膜周边将影响视力，沉积在心脏瓣膜上将影响心脏功能，沉积在血管壁上将加重血管硬化。1岁左右的婴儿如果没出牙，只要没有其他毛病，并注意合理、及时地添加泥糊状食品，多晒太阳，就能保证今后牙齿依次长出来。是否需要补钙治疗，要看婴儿是否缺钙，补钙也必须遵医嘱，切不可滥用鱼肝油、钙剂等药物盲目补钙。当然，为了防止婴儿缺钙，可适当地多吃些含钙食物，但千万不可滥用。

## 577. 家长要怎么跟婴儿说悄悄话?

婴儿是非常喜欢家长的声音的，尤其是妈妈的声音，所以家长要用自己的声音来刺激婴儿发声，只要有机会就和他说话。家长跟婴儿说话时，开始最好对着婴儿的右耳讲话，因为右耳比较敏感，它与左脑语言思维相连，有益于婴儿智力的提升。这样的讲话每次最好持续5分钟左右。

## 578. 婴儿爱发脾气易怒家长应该怎么办?

当婴儿的需要没有得到满足的时候，常常会发怒，但持续时间通常都不久。家长以正确的态度来对待婴儿的怒气是很重要的，要始终保持客观、冷静的态度，决不要跟着婴儿一起发怒。虽然婴儿年龄很小，但已经有了丰富的感情，家长如果在婴儿发怒时生气，惩罚婴儿，婴儿的心灵是会受到伤害的，长此下去，婴儿会变得不爱说话，怕生人，甚至形成自闭症。

## 579. 8个月的婴儿为什么要特别注意他的情绪?

8个月左右的婴儿已经有了比较复杂的情绪，高兴时眉开眼笑。甚至手舞足蹈；不高兴时大发脾气，甚至大哭小闹。面对这些情况，家长千万不要认为婴儿是不懂事而冷落他。

这个月龄的婴儿害怕陌生的环境和陌生的人，一旦家长突然离开，婴儿就会产生惧怕、悲伤等情绪。所以，在陌生人到来的时候家长不要突然离开，更不能怕婴儿不老实而用恐怖的表情或语言来吓唬婴儿。此外，还要注意的是，不论是爸爸还是妈妈，一定不要把工作中的不满和怨气发泄在婴儿的身上。

## 580. 怎样有效地训练婴儿发声？

这个时候的婴儿已经开始理解沟通的重要性了，并自觉地学习和练习，他开始能分辨出家长话语的音节组成和语调，推测、理解和学习不同发音的意义，并开始模仿、尝试发出同样的声音。这时，家长可以试着跟婴儿"对话"。问他问题，无论他发出什么声音，家长都要给予热情的回应和鼓励。这种互动方式的交流可以培养婴儿的沟通能力，也是发展婴儿语言的重要方法。

## 581. 培养婴儿自觉主动收拾玩具的重要性是什么？

每次陪婴儿玩完玩具后，一定要注意培养他自觉收拾玩具的良好习惯。即使婴儿的动作很慢，家长也一定要耐心地等着他自己收拾完，哪怕是从收拾一点点开始，也还是要表扬一下。经过多次强化以后，婴儿就会有意识地去做这件能够得到表扬的事情了。

## 582. 如何开发8个月婴儿的音乐智能?

婴儿出生后,如果在睡前播放以前听熟了的胎教音乐,婴儿就能很快入睡,容易养成良好的昼夜作息规律。可见音乐智能是婴儿最早出现的智能,所以当婴儿的视觉、听觉都发育到一定阶段时,家长就要开发婴儿的音乐智能了。如何开发婴儿的音乐智能家长可以从以下五点做起:

(1)让婴儿听熟悉的音乐,家长要经常给婴儿复习他熟悉的音乐,保持胎教时养成的良好影响。

(2)给婴儿玩音响玩具,首先婴儿喜欢能发出声音的玩具,如小铃铛、八音盒、能发声的不倒翁等,婴儿会自己努力学会操控它,让它可以随时播放自己喜欢的音乐。

(3)多鼓励发音,可以经常让婴儿模仿生活中的许多声音,如水龙头冲水的声音,风吹动树叶的声音等。

(4)多次强化训练,给婴儿做被动操的时候,每次做某一段体操,播放同一种音乐,慢慢的婴儿就会由被动体操变为听音乐的主动体操。

(5)不同时期放不同的音乐,给婴儿洗澡的时候可以播放欢快的乐曲,同他一起嬉笑逗乐的时候播放欢快的乐曲,这样婴儿有多种试听同时出现的感觉,从而丰富情感与音乐的联系。

## 583. 怎样训练8个月婴儿的注意力?

注意力是伴随婴儿的心理认识过程出现的,不论是感觉、知觉、还是记忆、思考，是必须经过注意的选择和集中，认识活动才能正常进行。可以从如下四点去做：

（1）家长要注意让婴儿养成在某一段时间内做一件事的能力，在看书时，陪婴儿看完一本再换一本，给玩具时不要一下子放一大堆，一次只给婴儿一个。如果婴儿玩着这个，想着那个，很容易形成注意力分散的坏习惯。

（2）家长要有意识训练婴儿善于"听"的能力，通过听的途径来培养婴儿的注意力。如坚持每天给他讲故事，给婴儿放音乐，家长还可以在婴儿身后拿出发出声音的玩具，观察婴儿会不会转身去寻找。

（3）兴趣是保持专心的重要条件，家长要为婴儿提供丰富的、有趣的游戏材料，激发婴儿游戏的兴趣。

（4）婴儿游戏时不要有意干扰，不要在婴儿玩得高兴的时候给他吃东西，或让他去干别的事情。在培养婴儿注意力的时候家长必须循序渐进，不要急于求成，婴儿年龄越小越不容易集中注意力，因此，在要求婴儿集中注意力做某一件事情的时候，在时间方面要随着其年龄渐大而逐步增加，开始时要求5分钟或10分钟为宜。

## 584. 怎样给8个月婴儿测量呼吸？

家长可观察婴儿的胸部或腹部起伏的次数，一呼一吸为一次，其呼吸次数，以一分钟为计算单位。除计算呼吸次数外，还应观察其深浅及节律是否规则。若呼吸浅速不易计数时，可用棉絮贴于婴儿鼻孔处，以棉絮的摆动来计算呼吸次数。一般每呼吸1次，心跳和脉搏3～4次为正常情况。若出现呼吸异常增快或减慢，以及不规则呼吸，如时快时慢，急促呼吸的过程中有叹息样表现或连续吸2次呼1次的现象等，均为异常表现，是病重的征兆，必须引起家长的重视。

**585. 怎样给8个月婴儿测量脉搏？**

数脉搏时，家长可用自己的食指、中指和无名指按在婴儿的动脉处，其压力以摸到脉搏跳动为准。常用测量脉搏的部位是手腕腹面外侧的桡动脉，或头部的颞动脉，或颈部两侧颈动脉。测量脉搏以一分钟为计算单位。家长可边按脉边数脉搏次数。

**586. 家长应如何应对8个月婴儿的坏情绪？**

对于8个月的婴儿来说，情绪、语言、生理需求都在发展中，三者也交错地影响婴儿与人的交流和表现。3个月大时，婴儿就开始有了情绪，其中以开心和愤怒最常见，而且随着年龄的增长，频率和持续度日益增加。8个月的婴儿，支配自我行动的需求也开始不断增加，当得不到想要的东西会感到失落和愤怒。刚开始的阶段因为能力上的限制，负面情绪会随注意力的转移而很快就消失，当到达8个月月龄后，情况就会出现变化，这时的婴儿会因不顺意而发脾气，并会对着家长用敲东西甚至打人的方式表达愤怒。这时家长应该接受婴儿的负面情绪，既然喜、怒、哀、乐是天生的，就没有必要强迫婴儿压抑。当婴儿出现坏的情绪的时候，家长可以先亲一亲、抱一抱，婴儿有了被了解的感觉，过一会儿情绪自然会被安抚下来。另外，家长可以给予婴儿适当的规范、心平气和的制止。针对婴儿的不良行为，家长需要用肢体和语言一致果断的表示"不可以"，让他慢慢学会调整自己的行为。

## 587. 如何夸出一个好孩子？

8个月的婴儿是喜欢接受表扬的，因为一方面他已能听懂家长常说的赞扬的话，另一方面她的语言动作和情绪也发展了。他会为家长表演游戏，如果听到喝彩称赞，就会重复原来的语言和动作。这是他能够初次体验成功欢乐的表现。而成功欢乐是一种巨大的情绪力量，它形成了婴儿从事智慧活动的最佳心理背景，维持着最优的脑的活动状态。对于婴儿每一个小小的成就，家长都要随时给予鼓励。不要吝啬自己赞扬的话，而且要用丰富的表情、由衷的喝彩、兴奋的拍手、竖起大拇指的动作以及一人为主、全家人一起称赞的方法，营造一个"强化"的亲子氛围。

## 588. 如何培养8个月婴儿的幽默感？

婴儿8个月的时候，幽默感已经慢慢出现了，他会逐渐理解幽默的含义。虽然婴儿会因为家长拍他的肚子而快乐，但他的笑容会反映出对事物的高级的理解。婴儿会因为把玩具扔到地上而兴奋大笑；会类似捉迷藏一样藏起东西而快乐地大笑；会因为某些事情结果与预料的完全不同而破涕为笑。因此，家长的鬼脸、可笑的声音会让婴儿变得有趣并兴奋起来。当家长发出有趣的声音，他们的情感电波会传递给婴儿，婴儿因此感到安全和满足，他会手舞足蹈地笑。家长可以模仿让婴儿感到有趣的动作，例如把一张小毯子遮在头上做青蛙跳，然后把毯子从头上揭开。

# 9个月

### 589. 9个月婴儿体格发育的正常值应该是多少?

体重:男婴平均8.9千克,女婴平均8.2千克。身长:男婴平均72.0厘米,女婴平均70.1厘米。头围:男婴平均45.7厘米,女婴平均44.5厘米。牙齿数:正常范围0 ~ 4颗左右。

### 590. 9个月婴儿智能应发育到什么水平?

大运动:会爬,拉双手会走。精细动作:拇指、食指捏住玩具。适应能力:从杯中取出积木(正方形,边长2厘米)、积木对敲。语言能力:会欢迎、再见手势。社交行为:会表示"不要"。

### 591. 9个月婴儿智能发展障碍的危险信号有哪些?

对于智能发展障碍来说,早期发现、早期治疗以及早期进行特殊训练是至关重要的。9个月的婴儿不会翻身、不会坐、不会抓取近处玩具,不会将玩具倒手都是早期智能发展障碍可能出现的征象,家长要尤为引起重视。

### 592. 9个月婴儿的视觉应发育到什么程度?

9个月的婴儿仍是探索家,他想明白每件事情,想摸索每件事物。这个时期的婴儿,只要是他眼力所及范围的任何东西，他都想要去摸一摸。

## 593. 9个月婴儿的听觉应发育到什么程度?

9个月的婴儿虽然还不会完整的说话，但已经能听懂一些家长简单语言的意思了，对家长发出的声音能应答，当家长用语言说到一个常见的物品时，婴儿会用眼睛看或用手指该物品。这是由于家长平常不断地用语言对婴儿生活的环境和接触的事物进行描述，慢慢地，婴儿就熟悉了这些声音，并开始把这些声音与当时能够感觉到的事物联系起来。

## 594. 9个月婴儿喂养中应注意什么?

这一阶段的婴儿喂奶次数应逐渐减至3 ～ 4次，每天600 ～ 700毫升奶量，而辅食量要逐渐增加。此时，应增加一些土豆、白薯等根茎类食物及一些粗纤维的食物。婴儿在这个时期已经出牙，并有一定的咀嚼能力，可以让他啃硬一点的食物。婴儿米、面食品搭配喂养，用米、面搭配使膳食多样化，可引起婴儿对食物的兴趣。从营养角度分析，不同粮食的营养成分也不完全相同，如用几种粮食混合食用，可以收到取长补短的效果。所以，每天的主食最好用米、面搭配，或不同的品种搭配。

## 595. 9个月婴儿的日常养护要点是什么?

　　9个月婴儿要多爬行促进感觉综合协调发展,独立扶站,扶腋下走路,随音乐节奏活动肢体。将玩具放到盒子里,学开抽屉,拉绳取物。对语言和动作给予表扬。每日户外活动2～3小时。定期健康检查,注意安全和卫生。练习用杯子、碗喝东西,开始尝试时,可先给婴儿一只体积小、重量轻、易拿住的空杯,让婴儿学着家长的样子喝东西。有了一定兴趣后,家长每天鼓励婴儿从杯子、碗里吃几口奶,让婴儿意识到奶也可以来自杯中,时间久了,自然就愿意接受了,等婴儿掌握了一定的技巧后,再彻底用杯子给他喝。当然,这时不能脱离家长的帮助,只是让他学会从杯子、碗中喝东西。如果婴儿过了一段时间后又走回老路,对杯子、碗不感兴趣了,父母可想些办法,换一只形状、颜色不同的新杯子、碗,或更换一下杯子、碗中喝的东西的口味,也许就会重新引起婴儿的兴趣。婴儿从杯子、碗中喝东西的熟练程度,完全在于家长给他练习机会的多少。

## 596. 如何培养9个月婴儿定点吃饭的习惯?

　　让婴儿坐在有东西支撑的地方喂饭,每次喂饭靠坐的地方一致,让他明白坐在这个地方就是为了吃饭。一般常可选择在婴儿专用餐椅上。这时候,婴儿对吃饭的兴趣是比较浓的,他们一到吃饭时间,就好像饿的饥不择食,很乐意按你的摆布坐着吃的，坐在一处吃饭的习惯就容易培养起来。如果到了1岁再来培养这种习惯就困难了，因此，这个月龄是培养定点吃饭的好机会。

**597.** 婴儿为什么从9个月开始要学习使用杯子？

婴儿从9个月开始应该学习着使用杯子喝奶、喝水，一岁半以后应该停止使用奶瓶。长牙后含着奶瓶睡觉和夜间无规律的喂养对婴儿的牙齿是非常有害的。含着奶瓶睡觉时，由于睡眠时唾液分泌减少，自洁作用减弱，奶瓶中的内容物可以长时间滞留在牙面上，易被牙菌斑中的致龋菌利用产酸，在酸的作用下，牙齿

图9-1 9个月用杯子喝水

受到侵蚀、破坏，引起龋齿，也称为"奶瓶龋"。睡前喝奶的时间提前和减少夜奶的次数可以有效地预防龋齿。（见图9-1）

**598.** 9个月的婴儿为什么睡前不要喂东西吃？

有的家长担心婴儿的营养不够，怕影响婴儿的生长发育，千方百计地想让婴儿多吃一点，长胖一点，在睡前给婴儿再吃一些食物，殊不知这种习惯很不好，因为婴儿嘴里含着食

物睡觉特别容易破坏牙齿的发育。睡前吃东西也不利于食物的消化和吸收，因睡前人的大脑神经处于疲劳状态，胃肠消化液分泌减少。因此，睡前吃东西不仅不利于睡眠，而且由于胃肠道的负担加重，使婴儿睡不安稳，影响睡眠质量。

## 599. 如何培养9个月婴儿配合穿衣的能力？

此月龄的婴儿可以理解语言及动作，给婴儿穿衣服时要告诉他"伸手"、"举手"、"抬腿"等，让他用动作配合穿衣、穿裤。如果他还未听懂就用手去示范协助。经常表扬他的合作，以后他就会主动伸臂入袖，伸腿穿裤。

## 600. 为什么家长不要把嚼碎的食物喂给婴儿？

有的家长因婴儿没有牙或只有几颗牙怕婴儿咀嚼不好，常将自己嚼过的食物喂给婴儿，以为这样有利于婴儿消化和吸收，其实不然。替婴儿咀嚼剥夺了婴儿练习咀嚼的机会，不利于婴儿自身消化功能的建立，延迟了婴儿咀嚼能力的形成，长此以往婴儿不能摄取更多的营养将造成营养不良，也可能会导致婴儿构音不清，影响语言发育，还会将一些致病菌传给婴儿，引发疾病，故不提倡喂婴儿大人嚼过的食物。

## 601. 家长将咀嚼过的食物喂给婴儿对牙齿有什么危害？

9月龄的婴儿辅食的种类增加，需要大量的咀嚼动作来完成食物的摄入。龋病又是一种与饮食有关的细菌感染性疾病，细菌与糖在龋病中起着重要作用，在婴儿喂养中，如果家长不注意喂养习惯，把食物咀嚼碎后喂给他，把勺子或奶瓶放到口中试温度后再给婴儿，无意中将自己口腔的细菌传播到婴儿的口腔中。如果家长有龋齿，那么口腔中的致龋菌会通过亲吻、将餐具或其他物品从家长口中拿出后直接放入婴儿口中等不经意的行为传播给婴儿，致龋菌在婴儿口中的定值越早，婴儿越容易得龋齿。所以，家长们一定要注意喂养方式，避免把自己口中的致病菌传播给婴儿。

## 602. 9个月婴儿怎么选择泥状食物？

婴儿9个月后，家长可以自己制作新鲜泥状食物，但要灭菌处理，否则容易变质，如果操作不当，还容易丢失一些营养素。建议根据家庭经济条件及当地食物来源种类进行搭配，如果某些食品当地没有或受季节限制，可适当选用成品食物，当地常见的食品可采用家庭制作。

## 603. 9个月婴儿添加豆制品的益处有哪些？

豆类食物特别是黄豆含有丰富的蛋白质、必需氨基酸及B族维生素，其所富含的不饱和脂肪酸，有利于婴儿大脑发育。豆制品是经过浸泡、加热、煮烂、去皮、碾磨、过滤等处理过程，去除了豆腥味、苦涩味及不利于消化吸收的物质，可作为9个月婴儿的添加食品。

**604.** 对发生过食物过敏的婴儿辅食添加的方法是什么？

对有食物过敏史的婴儿可适当推迟添加辅食的时间，在6个月后当其消化器官发育较完善时再开始添加，要先从谷类开始添加，然后再给薯类、继而是蔬菜类食物，8个月后有时甚至1周岁后再尝试添加鸡蛋，期间可用如鸡肝等的食物来替代。应避免给婴儿吃菠菜、茄子、山芋、荞麦等易致过敏的组胺类食物。母乳喂养的母亲要避免吃可能引起婴儿过敏的食物，如鱼、虾、牛奶等。一旦发生过敏，应立即停用该种食物，并及时就诊。

**605.** 9个月的婴儿开始"认生"怎么办？

"认生"又称陌生人焦虑，在这一阶段的婴儿会出现见到陌生人开始变得紧张焦虑了，当然，并非所有的婴儿都会出现明显的认生反应，这与婴儿的气质特点有关，故了解婴儿的气质特点十分重要。如果婴儿对于陌生人和陌生环境异常敏感，家长切不可过于紧张，要怀着轻松、接纳的态度带着婴儿经常接触周围的人，逐渐适应各种环境，但是当婴儿十分敏感时就应该与陌生人保持一定距离，避免婴儿受到惊吓而更加敏感、回避。

## 606. 9个月的婴儿不"躺下"换纸尿裤怎么办？

想让这一阶段的婴儿（尤其是活泼好动的婴儿）乖乖地躺下来换纸尿裤或换衣服绝非易事，家长在换纸尿裤时应和婴儿说话、念儿歌，或让他躺下时就用一些婴儿非常喜欢的小玩具来吸引他的注意力，而且要只在让婴儿躺下换纸尿裤时才拿出来。同时，动作一定要迅速，不要等婴儿已经发脾气时候再想办法。

## 607. 婴儿疫苗接种后注射部位有硬块怎么办？

肌肉注射后有的婴儿局部会出现硬块，婴儿可感到疼痛，也可出现发热。因此，出现硬块后应及时处理。可以使用热敷的方法，用热毛巾或热水袋，水温50℃～60℃，敷于硬块部位，每日早晚各1次，每次20～30分钟。同时要注意观察如果硬块有波动感或出现脓头，不可再热敷，要及时医院就诊。

## 608. 婴儿出牙时容易发生的问题有哪些？

一般婴儿出牙前唾液会增多，常把手伸到口内，吃奶时咬乳头或哭闹，烦躁不安，伴有轻度体温升高的现象。仔细查看婴儿的口腔，可以看到局部牙龈发白或稍有充血红肿，触摸牙龈时有牙尖样硬物感。在牙齿萌出期间，有时还会发现牙龈部位出现萌出性血肿，绝不可轻易挑破，若已经发生溃烂的应特别注意婴儿的口腔卫生，及时到口腔科就诊，防治继发感染。还应在出牙期间，将婴儿吸吮的橡皮乳头、玩具等物品清洗干净，勤给婴儿洗手、勤剪指甲，以免引起牙龈发炎。

**609. 9个月婴儿能做的大运动动作有哪些？**

仰卧起坐：让婴儿仰卧或俯卧，用语言、动作示意或玩具引逗他坐起来到扶物站起。帮助站立、坐下：让婴儿从卧位拉着东西或牵一只手站起来，在站位时用玩具逗引他3～5分钟，扶住双手慢慢坐下。多种形式爬行：婴儿已经由原来手膝爬行过渡到熟练的手足爬行，由不熟练、不协调到熟练、协调。用他喜欢的玩具逗引他，他会向前、向后、向左、向右不同方向爬行或转弯转圈爬行，训练婴儿全身协调运动。扶物迈步：训练婴儿独立扶站到扶物迈步移动，使身体平衡和协调能力进一步发展。（见图9-2，图9-3，图9-4，图9-5）

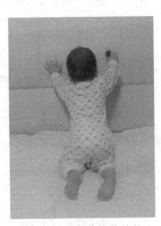

图9-2　9个月帮助迈步　　　　图9-3　9个月扶物站起

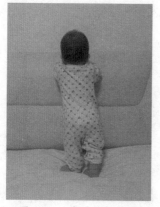

图9-4　9个月扶物独站　　　　图9-5　9个月爬行

**610.** **9个月婴儿能做的精细动作有哪些?**

主动投入:在婴儿能有意识地将手中的玩具放下的基础上,训练婴儿将手中的一些小物品投入一个大容器中,比如将彩球投入到小盆或小桶中,将木块放进小盆子里。也可选择一些带孔的玩具,让婴儿将一些小东西从孔洞中投入,如将小米花放进小瓶子里。学会滚动:将圆柱体的滚筒放在地上,让婴儿用两只手推动它向前滚动。待他熟练后,再让他用一只手推动滚筒或滚球等,并把它滚到指定地点,逐渐建立起圆柱体物体能滚动的概念。主动放手:训练婴儿有意识地将手中的玩具或其他物品放在指定地方,并反复地用语言示意他,由紧握到放手,使手的动作受意志控制,手、眼、脑的协调有进一步的提高。(见图9-6,图9-7)

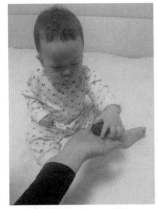

图9-6　9个月手指捏豆豆　　　　图9-7　9个月取物

**611.** 如何训练9个月婴儿的适应能力？

接触陌生人：家长让婴儿逐渐接近陌生人，或让陌生人搂抱，有过几次这种体验，婴儿就敢于接近陌生人和接触新事物了。识图和识物：给婴儿看各种物品及识图卡、认字卡。卡片最好是单一的图，图像要清晰，色彩要鲜艳，主要教婴儿指认动物、人物及物品等，促进认知能力发展。（见图9-8）

图9-8　9个月懂得玩耍

### 612. 9个月婴儿的语言能力如何锻炼?

模仿发音：使用诸如"爸爸"、"妈妈"之类的称呼词，或说一些简单动词，如"走"、"坐"、"站"等。在引导婴儿模仿发音后，要诱导他主动地发出单字的辅音。理解语言：在婴儿接触中，通过语言和示范告诉婴儿怎么做，如"坐起来"、"拿"、"等一等"，训练婴儿理解更多的语言。语言动作联系：训练婴儿能够执行简单的指令。认图、认物，命名正确：为了使婴儿建立准确的词语概念，教婴儿认识各种玩具，如在玩具堆里挑出电话或小鸭子等，可通过教婴儿念儿歌、讲故事、看图书，来认识事物，从而增加认识事物的品种。

### 613. 如何增强9个月婴儿的社交行为能力?

婴儿在注视家长动作的基础上开始用成套的动作来表演儿歌，包括拍手、摇头、身体扭动、踏脚或特殊手势等示范动作，婴儿很快就能学会而且单独表演。培养婴儿会用小勺吃饭，大小便坐便盆，穿衣服主动配合等良好生活习惯。

### 614. 9个月婴儿最适宜的亲子运动有哪些?

婴儿倒立：具体方法是家长站位，面对面抱着婴儿，将婴儿的腿围在家长的腰间，家长一只手托着婴儿的臀部，另一只手保护婴儿的颈部，家长弯腰，弯腰的程度以家长和婴儿舒服的程度为准，无需强求。游戏的目的是可以促进全身肌肉协调配合，提供内耳前庭刺激。洞中取物：具体方法是为婴儿准备带多个孔洞的容器，然后在容器中放置丝巾、小棍、小球等不同质地及大小的物品，鼓励婴儿用手指从孔洞中取出各种物品。游戏的目的是促进小肌肉的发育，建立空间意识，培养婴儿的探索精神。

### 615. 对于发生腹泻的婴儿为什么要补锌？

在治疗婴儿腹泻的时候会忽略补锌的治疗，缺锌将直接造成婴儿免疫力的低下，影响其生长发育，导致身材矮小或智力发育不良等后果。世界卫生组织（WHO）已向全球推荐大于6个月的急性或慢性腹泻的患儿，每天补充元素锌20mg，共10～14天，可以降低腹泻的病程和严重程度以及脱水的危险。

### 616. 9个月婴儿家长如何增加辅食的种类和数量？

9个月的婴儿可以适当地为其增加辅食的种类和数量，辅食的性质以柔嫩、半固体为好。有的婴儿不喜欢吃粥，而是对成人的米饭很感兴趣，也可以让婴儿尝试着吃一些软烂的米饭。这个时期的婴儿大部分已经长出乳牙，咀嚼能力也大大加强了，家长可以把苹果、梨、水蜜桃等水果切成薄片，让婴儿拿着吃。像香蕉、葡萄等质地比较软的水果可以整个让婴儿拿着吃。辅食的制作方法可以更加复杂化。因为食物色、香、味俱全，能大大地激起婴儿的食欲，并增强婴儿的消化及吸收功能。但是太甜、太咸、太油腻、刺激性较强的食物和坚果类的食物还是不要给婴儿吃，也不要在给婴儿制作的辅食里面添加调味品，尤其是味精。

## 617. 9个月婴儿可以添加的辅食有哪些?

9个月的婴儿可选择的辅食种类很多，淀粉及糊状的食品：包括米粉、麦粉、米糊、芝麻糊等用各种谷物制成的糊类食品，不但可以为婴儿提供热量，还能锻炼婴儿的吞咽能力。粥类：以各种谷物为主料，加上肉、蛋、水果、蔬菜等配料熬成的粥，可以为婴儿提供各方面的营养。面食：包括烂面条、软面包、小块的馒头等，可以锻炼婴儿的咀嚼能力。豆制品：主要是豆腐和豆干，可以帮助婴儿补充蛋白质和钙。肉类食品：鸡肉、鸭肉、猪肉、牛肉、羊肉等各种家禽和家畜的肉，可以做成肉泥和肉末给婴儿吃。水产品和海鲜：要根据婴儿的情况从少量开始添加。有的婴儿属于过敏性体质，就不要添加过早。蛋类食品：可以吃用蒸、煮、炒、炖等各种做法做出来的鸡蛋。但是量不要多，每天不超过1个。动物肝脏：可以做成泥或者末，鸡肝是首选。水果和蔬菜：除了葱、姜、蒜、香菜、洋葱等味道浓烈、刺激性比较大的蔬菜外，各种蔬菜都可以弄碎了给婴儿吃。水果可以切成小片，让婴儿直接用手拿着吃。汤汁类食物：各种果汁和蔬菜汁可以继续给婴儿吃。此外，还可以煮一些蔬菜汤、鱼汤、肉汤给婴儿补充营养。鱼松和肉松：含有丰富的蛋白质、脂肪和很高的热量，可以给婴儿补充营养。磨牙食品：像烤馒头片、面包干、婴儿饼干等，可以帮婴儿锻炼牙床，促进乳牙的萌出。

## 618. 9个月婴儿挑食怎么办？

要让婴儿有自由选择食物的权利，尊重他的想法。营造温馨的用餐气氛，可以共同布置餐桌，让婴儿选择餐具，为其准备专用就餐椅。在进餐时有轻松地交流，婴儿对某一种食物挑食，家长可以采用一些建议的口吻或谈话技巧。如先吃这个（婴儿不是很喜欢的）后吃那个（婴儿特别喜欢的）好吗？我们一起尝尝好不好？特此注意：是允许选择，绝不是迎合婴儿的挑食。如果婴儿因身体的原因引起食欲和胃口的变化，千万不要在婴儿面前表现出过分的担心和着急，细心观察，调整饮食，过一段时间自然会好的。细心的家长在食物的设计和烹饪技巧上，要尽可能的有变化，当婴儿出现不喜欢某一种食物的时候，要考虑是否烹饪中存在什么问题，可以将婴儿喜欢的和不喜欢的食物搭配起来。可以用一些小故事启发婴儿对事物的兴趣，家长赞赏的表情也可以诱发婴儿的食欲。当婴儿吃饭感觉很享受，不挑食时，家长要有关心和高兴等积极反应，并给予表扬，以达到强化的目的。

## 619. 9个月的婴儿家长应如何准备营养早餐？

早晨一定要让婴儿喝一杯温开水或牛奶。经过一夜的代谢，身体里的水分丧失很快，而且又有很多废物需要排出，喝水可以补充身体水分的同时促进新陈代谢。如果早餐只有面包、米饭、粥之类的淀粉类食物，虽然婴儿当时吃饱了，但因为淀粉容易消化，过不了多一会，婴儿又会出现饥饿感。所以婴儿的早餐需要有一些蛋白质和脂肪含量的食物，如鸡蛋、肉松，排骨碎末等都可以。维生素对婴儿的生长发育至关重要，给婴儿一个水果或汤里面加一点绿叶蔬菜，都是获取维生素的好办法。

很多家长常常在发现婴儿出现身体消瘦、发育迟缓、贫血、缺钙等营养缺乏性疾病时，才断定婴儿是营养不良了。其实婴儿营养状况滑坡，往往在疾病出现之前，就已经有种种信号出现了，家长若能及时发现这些信号，并采取相应措施，就可将营养不良扼制在"萌芽"状态。当婴儿出现郁郁寡欢、反应迟钝、表情麻木等表现的时候，往往是因为体内缺乏蛋白质与铁质，应多给婴儿吃一点水产品、肉类、奶制品、蛋黄等高铁、高蛋白的食物。当婴儿出现忧心忡忡、惊恐不安、失眠健忘，此时应补充一些豆类、动物肝、核桃仁、土豆等B族维生素丰富的食品。但婴儿情绪多变、爱发脾气则与吃甜食过多有关，医学上称为"嗜糖性精神烦躁症"。当婴儿出现固执、胆小怕事，多因维生素A、B族维生素、维生素C及钙质摄取不足所致，应多吃一些动物肝、鱼、虾、奶类、蔬菜、水果等食物。

## 620. 9个月婴儿的行为异常可能对应哪些营养缺乏?

9个月婴儿出现行为与年龄不相称,较同龄婴儿幼稚可笑,表明体内氨基酸不足,增加高蛋白食品如瘦肉、豆类、奶、蛋等非常必要。婴儿出现夜间磨牙、手脚抽动、易惊醒,常是缺乏钙质的信号,应及时增加绿色蔬菜、奶制品、鱼肉松、虾皮等。婴儿出现吃纸屑、泥土等异物,称为"异食癖"。多与缺乏铁、锌、锰等微量元素有关。木耳、蘑菇等含铁较多,禽肉及海产品中锌、锰含量高,是此类婴儿理想的食品。

## 621. 婴儿过度肥胖是不是就是营养过剩了?

并不一定,以往很多家长都将婴儿肥胖视为营养过剩。最新研究表明,营养过剩仅仅是部分"小胖墩儿"发福的原因,另外一部分胖孩子则是起因于营养不良。具体来说就是因挑食、偏食等不良饮食习惯,造成某些"微量营养素"摄入不足所致。"微量营养素"不足导致体内的脂肪不能正常代谢为热量丧失,只能积存在腹部与皮下,婴儿自然就会体重超标。因此,对于肥胖的婴儿来说,除了减少高脂肪的食物的摄取以及多运动之外,还应增加食物的品种,做到粗粮、细粮、荤素食物合理的搭配。

### 622. 9个月婴儿如何预防咳嗽的发生?

咳嗽是婴儿最常见的呼吸道疾病症状之一，婴儿支气管黏膜娇嫩，抵抗病毒能力差，很容易发生炎症，引发咳嗽。预防婴儿咳嗽需要注意的事情很多，在秋冬季应进行脾胃的调养。具有补脾胃助消化的食物有：山药、扁豆、莲子等，在烹调的时候，多用汤、羹、糕，少用煎、烤、炸的手法；要注意婴儿双足的保暖，最好坚持每天晚上睡觉前用温水给婴儿洗脚，可浸泡3～5分钟最好；应多带婴儿去户外活动，呼吸新鲜的空气，增强中枢神经系统对体温的调节功能，提高婴儿的御寒能力；冬季是呼吸道传染病的高发季节，家长应尽量避免带婴儿去人多拥挤的公共场所；要保持婴儿卧室空气的新鲜，家长不可在室内吸烟，应定时开窗换气；避免食用会引起过敏症状的食物，如海产品、冷饮等，尽量避免接触花粉、尘螨、油烟、油漆等。

### 623. 9个月的婴儿咳嗽家长应怎么办?

婴儿在咳嗽多痰时，家长要格外注意，防止婴儿被痰憋住，造成窒息。家长应注意如下几方面内容：尽量保持室内温度在18℃～22℃；避免空气干燥导致的尘土飞扬，使携带病菌的尘埃被吸入呼吸道，引发呼吸道感染；房间的温差不能太大，婴儿的调节能力较差，对温差的变化不能做出相应的反应，缺乏保护能力；保证婴儿充足的睡眠和水分，睡眠不足，不但影响婴儿的生长发育，还会降低婴儿的抵抗力。咽部干燥是导致婴儿患咽炎的原因之一，咽炎容易导致婴儿的慢性咳嗽；少让婴儿吃辛辣刺激甘甜的食品，辛辣甘甜食品会加重婴儿的咳嗽症状。

## 624. 9个月婴儿家长应如何预防便秘的发生？

婴儿每天正常的大便次数为1～2次，如果婴儿每次大便间隔的时间过久，粪便在结肠内积聚时间过长，水分就会被过量的吸收，因而导致粪便过于干燥，造成排便困难。为了有效地预防便秘，家长可以注意以下几方面：

（1）均衡饮食，婴儿的饮食一定要合理均衡，不能偏食，五谷杂粮以及各类水果蔬菜都应该均衡摄入，可以吃一些果泥、菜泥，或喝些果蔬汁，这些都可以增加肠道内的纤维素，促进胃肠蠕动，使排便通肠。

（2）定时排便，训练婴儿养成定时排便的好习惯，每天早晨喂奶后，家长就可以帮助婴儿定时排便，同时不要让婴儿产生厌烦或不适感。

（3）保证活动量，运动量不够有时也会容易导致排便不畅，因此，家长每天都要保证婴儿有一定的活动量。

## 625. 9个月的婴儿便秘家长应怎么办？

便秘的婴儿不宜吃话梅、柠檬等酸性果品，食用过多会不利于排便。可以让婴儿多吃含粗纤维丰富的蔬菜和水果，如芹菜、韭菜、萝卜、香蕉等，可以刺激肠壁，使肠蠕动加快，粪便就容易排出体外。如果是食用配方奶的婴儿，可以给婴儿喂温开水，从而软化粪便。轻轻为婴儿按摩腹部，不仅可以加快肠道蠕动，还有助于消化，家长的手法是手掌向下，平放在婴儿脐部，按顺时针方向轻轻推揉，每天进行10分钟。如果婴儿出现了多天不解大便的情况，需要及时到医院就诊。

# 10 个月

### 626. 10个月婴儿体格发育的正常值应该是多少？

体重：男婴平均9.2千克，女婴平均8.5千克。身长：男婴平均73.3厘米，女婴平均71.5厘米。头围：男婴平均45.8厘米，女婴平均44.4厘米。牙齿数：正常范围0～4颗左右。

### 627. 10个月婴儿智能应发育到什么水平？

大运动：会拉住栏杆站起身，扶住栏杆可以走。精细动作：拇指、食指动作熟练。适应能力：拿掉扣住积木的杯子，并玩积木；找盒内的东西。语言能力：模仿发语声。社交行为：懂得常见物及名称，会表示。（见图10-1）

图10-1　10个月独站

### 628. 10个月婴儿的视觉应发育到什么程度？

10个月的婴儿，开始会看镜子里的形象，有的婴儿通过看镜子里的自己，能意识到自己的存在，会对着镜子里的自己发笑。眼睛具有了观察物体不同形状和结构的能力，成为婴儿认识事物、观察事物、指导运动的有利工具。婴儿可通过看图画来认识物体，很喜欢看画册上的人物和动物。

## 629. 10个月婴儿的听觉应发育到什么程度?

10个月的婴儿能很认真地听家长说话,能模仿家长的声音,说一些简单的词。这个时期的婴儿能够理解常用词语的意思,并会做一些表示词义的动作。

## 630. 10个月婴儿喂养中应注意什么?

10个月的婴儿每天喂奶2 ~ 3次,总量600 ~ 700毫升。辅食仍以米粥、软面为主食,适量增加鸡蛋羹、肉末、蔬菜之类的食物。可给婴儿吃新鲜水果,继续添加鱼泥、肝泥、肉泥等辅食。每日3次辅食,其中一次为整餐,继续锻炼咀嚼功能。婴儿的膳食搭配多样化,没有一种单一的食物可以全面满足婴儿的营养需要,所以,食物必须多样化,既要有动物性食物,也要有植物性食物,如谷、豆、肉、蛋、奶、蔬菜、水果、油、糖等多种食物合理搭配,比例适当,同时进食,取长补短,才能充分利用。所以,婴儿期须膳食均衡,营养素齐全,才有利于婴儿健康成长。

## 631. 10个月婴儿的日常养护要点是什么?

10个月婴儿家长在日常看护中应经常让婴儿练习扶站,独站,学迈步,扶物行走。让婴儿有意识的叫"爸爸"、"妈妈"。培养婴儿准确抓物并有意放下的技巧,玩沙、玩水、玩娃娃，看图片，认人，认物等。安排合理的生活制度，训练穿衣、清洗配合动作，慢慢形成良好的生活习惯。

## 632. 10个月婴儿迈步行走是什么样的过程?

　　婴儿从躺卧发展到直立并学会迈步，是动作发育的一大进步，对于婴儿体格发育和心理发展都具有重要意义。因此，要及时教婴儿走路，并为婴儿学走路创造条件，如准备围栏、小推车、可推拉的玩具等，并可经常让婴儿扶着成人的手或借助学步带学迈步行走。大多数婴儿在学会站立后不久，就能自己扶着床沿迈步或由大人抓着一只手走路了。刚开始学习走路时，由于婴儿平衡功能还不完善，走起路来还不稳，时而还会摔跤，有的婴儿用脚尖走路或走路时两腿分得很开，一旦婴儿走路熟练了就会走得很好。(见图10-2，图10-3)

图10-2　10个月迈步　　　　图10-3　10个月单手扶迈步

**633.** 婴儿应该几个月就可以扶着东西走路了?

每个婴儿开始扶着东西走路的时间差异很大,有的婴儿早在9个月时就能迈步扶走,而有的则要到12 ~ 13个月甚至更晚的时候才开始迈步扶走,这与婴儿本身的发育情况、遗传因素、动作训练的机会、疾病以及季节的影响等很多因素有关,也有的婴儿在刚刚学迈步时跌跤后产生了惧怕走路的心理而影响学步的进程。

**634.** 10个月的婴儿为什么容易在家里"搞破坏"?

10个月的婴儿手部动作完成的更加灵巧自如了,手眼协调也进一步完善。会使用拇指与食指捏住小物品,喜欢用手摸各种物品,能玩弄各种玩具,能推开门,能拉开抽屉,能把杯子里的水倒出来,能双手拿着玩具玩,也能指着东西提出要求,还会模仿成人的动作,已能试着拿笔并在纸上乱涂乱画,有的婴儿还学会了搭积木。这时期的婴儿,由于活动范围进一步扩大,好奇心逐渐加强,喜欢用手到处乱摸乱拿。如拔电源插头、扭煤气开关、甚至打开暖瓶盖子等,这对他们都是很危险的。所以家长要加强对婴儿的看护,多注意观察和保护其安全。

## 635. 10个月婴儿如何预防触电事故的发生?

10个月的婴儿，手的动作有了突飞猛进的发展，虽然行动还不自如，但是凡能够到的地方都想摸一摸，因此触电事故是这一月龄婴儿最常发生的危险事故，对生命造成了严重的威胁。因此家长要注意家用电器的摆放应尽量远离婴儿经常活动的地方，活动插座应放在较高、隐蔽、安全的地方。插座最好选用加安全保险挡板的，并要经常检查，防止漏电。如果房间本身带的封闭式插座位置较低，也可用桌子、书柜等家具加以遮挡，露在外表的电线要经常检查，如有破损，要及时更换。

## 636. 10个月婴儿"左撇子"家长应该纠正吗?

大多数人都习惯用右手握笔写字、拿筷子吃饭等操作，但也有少数人习惯用左手操作，习惯用左手还是右手，这是由先天发育或后天练习所致的。如果发现这个月龄的婴儿经常使用左手就加以限制是完全没有必要的，习惯使用左手并不影响婴儿的智力发展。婴儿时期是在生活中发挥手的重要作用的时候，是用手开始接触这个世界的时候，也是创造性地使用手的时候。过分地限制婴儿使用左手，就会束缚婴儿用手进行探索、创造。因此，不管婴儿用哪只手，任凭他怎么方便就怎么使用，在这个月龄，最好不要考虑"矫正"。理想的方法是同时发展婴儿的左右手的活动功能，从而促进大脑两半球功能的充分发展。

## 637. 婴儿添加碎末状食物的方法是什么?

7～9个月时,当婴儿适应了泥糊状食物后,可以试着给婴儿吃一些碎末状食物,锻炼婴儿的咀嚼能力。可以先从碎菜试起,如果婴儿能咀嚼并顺利咽下,可逐渐增加食物种类。10个月后,可增加肉末、肝末等,还可让婴儿练习自己拿着饼干、苹果吃,这样既锻炼了婴儿的咀嚼能力,又培养了婴儿手眼协调能力和生活自理能力。

## 638. 怎样给10个月的婴儿"定规矩"?

"定规矩"要与婴儿的年龄和发育水平相符合。在这个年龄阶段,要有限度地制定保证婴儿安全的行为要求或不弄坏贵重物品;禁止婴儿打、咬、踢;制定某些可协商的日程规律,如定时洗澡、定时上床休息等。"定规矩"需要采用一些技巧,用玩具或其他活动使婴儿分心是处理不当行为的一个有效措施,可以用他喜欢的玩具转移婴儿的注意力。当婴儿面临真正的危险或违反原则时,如玩电线、打人,应该直截了当对婴儿平静但坚定地说"不",让婴儿脱离危险境地或终止不当行为。在婴儿表现好时给予奖励,当然,在他行为不当时停止奖励是最成功的方法。保持平静、坚定、一致和关爱,确信负责看护婴儿的任何人都知道可以做什么和不可以做什么。对婴儿的要求,在不违反原则的前提下,应考虑满足，也就是说不要说太多的"不"。只要有可能，就让婴儿做出选择，如穿哪件衣服、读哪个故事、玩哪个玩具，如果在某些方面鼓励他独立，当约束婴儿的时候，遵从的可能性就会加大。

### 639. 为什么10个月的婴儿最好不要使用学步车？

在婴儿8～12个月，甚至更早阶段，有些家长会让婴儿使用学步车，学步车对于婴儿学习行走的影响有：学步车可以强化婴儿小腿的肌肉，对强化大腿和臀部的肌肉没有帮助，而大腿和臀部的肌肉对行走更为重要；有时学步车让婴儿形成不正常的行走姿势，总是身体向前倾斜冲步；学步车影响婴儿学习走路的欲望，因为学步车可以比较容易地让婴儿走来走去，这种设施对学习步行没有帮助；当学步车带着婴儿进入各种物体形成的障碍物时，就会有翻到的可能，这样会伤害婴儿。此外，学步车中的婴儿也很容易摔下楼梯，或进入一般情况下不能进入的危险境地。因此，建议家长不要让婴儿使用学步车。

### 640. 什么是与婴儿交流常用的"儿语词"？

"儿语词"是一种动态言语，对于不同年龄段的婴儿，儿语词的特点不同，其语法、语意和语言内容所代表的认知难度比婴儿的认知水平和能力稍微高一些，因此，有助于婴儿的语言发展。与成人交谈的语言相比较，儿语词的词语和语法都比较简单，重复性高，叠字多，便于婴儿的重复、模仿、理解、掌握和扩展；儿语词语速较慢，语气常常夸张，能引起婴儿的兴趣和注意力，同时便于婴儿进行模仿和加工，从而有效带动婴儿语言的发展。但是，当婴儿掌握了主—谓—宾的句型后，应以自然对话的方式与婴儿交谈，语调和发音应尽量准确，重复一些重要的话和词汇，应逐渐少用儿语词。

## 641. 什么是"生理性流涎"？应如何处理？

婴儿出生4个月以后，唾液腺的发育逐渐成熟，唾液分泌增加，特别到了出牙前后，由于乳牙的萌出对牙龈神经的刺激，以及此时食物的添加，使唾液分泌量进一步增加。而且，此时婴儿的口腔相对较浅，吞咽功能没有发育完善，闭唇和吞咽的动作不协调，不会调节口腔内过多的唾液，所以容易出现口水增多，此种现象为"生理性流涎"。随着牙齿的出齐，口腔深度的增加，以及吞咽功能的完善，流口水的现象会逐渐消失。护理时要注意，经常受到涎水刺激的颈部和胸部的皮肤要保持干燥和清洁，防止发生糜烂。病理性流涎多见于口腔炎，应及时按医嘱服用药物治疗，勤喂温开水，以清洁口腔，还要注意餐具及玩具的消毒。

## 642. 10个月的婴儿如何预防缺锌？

"锌"是人体内必不可少的一种微量元素，如果锌缺乏，就会发生一些疾病或引起婴儿生长障碍。缺锌的婴儿一般都食欲不好，又矮又瘦，免疫力下降，很容易患消化道或呼吸道感染、口腔溃疡等。缺锌的婴儿平时应注意膳食要合理，动物性食物要占一定比例，还可以服用锌剂治疗。同时，要养成婴儿良好的饮食习惯，不要挑食、偏食等。

## 643. 如何预防10个月的婴儿被烫伤？

10个月婴儿，已经开始学站立、行走，他们对周围的事物非常好奇，看到的东西喜欢摸、抓。随着婴儿活动范围的增大，危险性也日益增高，所以一定要特别注意保护婴儿，把家里的一些危险物品安放妥当，尤其是盛满开水的热水瓶、水杯、热锅、热的熨斗等，要放在婴儿摸不到的地方，以免打翻后烫伤。

## 644. 婴儿枕秃如何判断？

婴儿枕部没有头发，医学上称为枕秃，1岁内的婴儿比较常见。枕秃是佝偻病的症状之一，患有早期佝偻病的婴儿除出现枕秃外还有不活泼、爱发脾气、睡眠不安、易惊醒等精神症状。但有枕秃的婴儿，不一定就是患了佝偻病。当天气炎热或穿、盖过多时，枕头被汗液浸湿，婴儿感到不适，常左右摇晃头部，就会把枕部头发磨掉而发生枕秃；同时，如果枕头稍硬，也容易发生枕秃。所以，不要看到婴儿枕秃就轻易认为是佝偻病。

## 645. 10个月的婴儿为什么还不长牙?

婴儿出牙的时间和速度是反映其生长发育状况的标志之一。虽然由于气候、生活水平、遗传等方面的差异,婴儿出牙的时间略有不同,但一般在4 ~ 10个月都要开始出牙了,如果婴儿超过10个月没有长牙,应寻找原因,可能与婴儿在母体时牙的胚胎发育有关,母亲孕期时营养不够也可能影响日后婴儿乳牙的生长,患佝偻病和营养不良也会妨碍乳牙的发育和生长。为使患儿乳牙正常的生长,应注意合理饮食,加强运动,多做户外活动和晒太阳,在医生的指导下合理进行维生素D和钙剂的补充,及时治疗佝偻病和营养不良。如果婴儿1岁后仍未萌出乳牙,应到医院就诊。

## 646. 10个月婴儿能做的大运动动作有哪些?

从站起到坐下:能灵活由扶物站着到坐下,由坐着到俯卧后再拉物站起、扶物行走,进行各种姿势多种体位的活动。从拉起到蹲下:家长站在婴儿的对面,握住婴儿的双手,拉起婴儿使他站立,再放下婴儿让他蹲下,来回运动。边做边说"起来"、"蹲下"。扶站和扶物迈步:让婴儿扶着沙发或横排椅子站立,然后用玩具,诱导他扶物自行迈步去够取玩具。家长也可面对面拉着他的小手迈步走,待婴儿走得较稳时可单手领着走。蹲下捡玩具:让婴儿扶栏杆蹲下捡物,再次站立起来。进而要求婴儿单手扶栏杆站立,再蹲下捡物,再站立，有时玩具移动而需要迈步才能捡起。家长可先放一些不动的玩具，让婴儿蹲下捡到，获得成功和快乐。再放一些滚动玩具，使他扶着迈步去取。（见图10-4，图10-5，图10-6）

图10-4　10个月蹲　　图10-5　10个月拉物　　图10-6　10个月
下取玩具　　　　　　蹲下站起　　　　　　蹲下

### 647. 10个月婴儿能做的精细动作有哪些?

打开瓶盖：拿一只带盖的瓶子，向婴儿示范打开盖，再合上盖的动作，然后让他练习只用拇指和食指将杯盖掀起，再盖上，反复练习。用套杯或套碗，让婴儿模仿家长一个一个套，以促进婴儿的空间知觉的发展。放进去，拿出来：在训练婴儿放下、投入的基础上把婴儿的玩具一件件地放进"百宝箱"里，然后再一件件地拿出来，让他模仿。这样不仅促进了手、眼、脑的协调发展，而且增强了认知能力。双手配合玩：该年龄段的婴儿模仿能力增强，可学习双手配合玩各种玩具，如拿两个小玩具对击，两个小桶对套。学习开瓶子盖和盖瓶子盖，家长可多次示范，让婴儿模仿。当他学会把两个玩具对在一起时，他会非常高兴，并会经常重复此动作。

## 648. 如何训练10个月婴儿的适应能力?

学会识图、识物：认识自己周围的物体，如电视、空调及吃的、用的等各种物品，学认各种图片卡。模仿动作：家长和婴儿一起玩游戏，训练婴儿有意识的模仿一些动作，每次可教一个动作，反复教至学会。指认身体部位：家长教婴儿逐步学会听指令，用手指认身体相应的部位。（见图10-7，图10-8）

图10-7　10个月认识书　　　　图10-8　10个月指认

## 649. 如何增强10个月婴儿的语言及社交行为能力?

语言能力方面，10个月的婴儿不止停留在模仿发"爸爸"、"妈妈"的音节上，还应扩大范围，包括人称、物品名称、人的五官及简单的动词等模仿发音，竖起食指回答问题，模仿动物的叫声，发展语言能力，练习发音。社交行为能力方面：训练婴儿模仿家长的动作，如遇见邻居和亲友，妈妈把着婴儿的双手拍，边拍边说"欢迎"或"再见"，反复练习，然后逐渐放手让他自己鼓掌欢迎等，培养定时睡觉，定时进餐，大小便坐便盆，学会使用小勺和杯子，配合穿脱衣裤等生活自理能力。

## 650. 10个月婴儿最适宜的亲子运动有哪些？

小猴子荡秋千：婴儿手握打击棒中间，家长将手覆盖在婴儿手上，然后慢慢向上直至婴儿悬空，经过几次练习后，可以前后摇晃婴儿。这个游戏的目的在于锻炼婴儿上肢力量。玩具分享：将几个玩具放在桶中，鼓励婴儿从桶中取出玩具，然后放到碗中，当放满几个碗后，鼓励婴儿把其中的一份送给家长或其他小朋友。这个游戏的目的是对婴儿合作、分享意识的启蒙。

## 651. 婴儿食品什么时候可以添加香料及味精等调味品？

婴儿期食品不要添加香料及味精等调味品，更不应该选择含香精、色素的食物，这些添加剂会妨碍婴儿体验食物本身的味道。植物油主要供给热量，在烹调蔬菜时加油有利于蔬菜中脂溶性维生素的溶解和吸收，一般10个月以后可以添加。

## 652. 婴儿喝新鲜果汁是不是就可以代替吃水果?

婴儿喝新鲜果汁不能代替吃水果。随着生活水平的提高,很多家庭配备了榨汁机,很多家长为了让婴儿能快速摄取更多的营养,所以常常给其喝鲜榨果汁。因为口感很好所以大部分婴儿很容易接受,并且不愿意再咀嚼水果,如果摄入过多的果汁,果汁中的糖易被牙齿表面的细菌利用产酸,导致龋齿的发生;同时鲜榨的果汁,榨汁机的刀片会破坏水果的组织结构,且要过滤掉果渣,会破坏水果的营养成分,使婴儿从水果中摄入的纤维素和矿物质损失了相当一部分。而吃新鲜水果,不仅有利于婴儿摄入多种的维生素及纤维素,还可通过咀嚼动作对口腔有自洁作用,减少龋齿的发生,同时咀嚼动作对婴儿的颌骨发育也起着关键的作用。

## 653. 10个月婴儿怎么进行适宜的母乳喂养?

10个月婴儿每日最少喂母乳2次,鼓励按需哺乳,但要依据妈妈的工作时间而定,对于此月龄的婴儿,辅食的添加品种很广泛,蛋糕、面包、菜肉粥、清蒸鱼肉、肉松等都可以食用,水果可以直接给婴儿吃。有的婴儿奶瘾较大,拒绝辅食,只要母乳,这时家长也要立场坚定,并且尽量不夜间喂奶,坚持让婴儿吃辅食,此期间可能婴儿会哭闹,但是只要家长方法掌握得好只需几天便可有改变。

## 654. 怎么做能成功给婴儿断夜奶?

　　首先可以先慢慢减少婴儿夜间喂奶的次数,让婴儿慢慢习惯。为了防止婴儿夜间饿醒,晚上在临睡前的最后一顿奶要适当延迟,并把婴儿尽量喂饱,再督促他睡安稳觉。如果婴儿夜间醒来哭闹,也不要马上给他喂奶,在判断他睡前是吃饱的状态下,应耐着性子哄他继续入睡。如果哭闹过于严重,可以尝试喂他喝少量的水,有时婴儿夜间的哭闹并不是因为饿,是想要吸吮的感觉,寻找入睡的安全感。总之,婴儿断夜奶是一个循序渐进的过程,慢慢帮助他养成睡整觉的习惯,他就会忘记夜奶了,在这个过程中家长也可以创造适合自己孩子的方法,只要达到效果就好。

## 655. 10个月婴儿学走路为什么要选择时机?

　　学走路是一个很自然的过程,随着婴儿肢体运动能力的日益增强,在经历翻身、坐、爬、站之后,走路就被提到日程上来了。每个婴儿开始学走路的时间都不相同,甚至可能出现较大的差距,因此,学走路并没有所谓最适当的时机,必须视自身的发展状况而定。学走路也是一个渐进的过程,一般来说,婴儿在10 ~ 13个月时开始学走路。如果在10个月以前就有学走路的意愿,也不会有太大的影响。只要婴儿在1岁6个月之前能独立走路,就没有什么可担心的了。如果婴儿没有达到学走路的年龄,而且本身也缺乏走路的意愿,就不能强迫他去学走路，否则可能造成婴儿肢体变形。

## 656. 家长如何观察婴儿学走路时姿势是否正确？

在婴儿学走路时，家长可以运用一些简单的观察原则，来检测婴儿的腿部发展是否出现异常。最基本的就是观察婴儿的双腿（整个下肢），看外观有无异常，比如单侧肥大、大小肢、长短脚等。一旦发现婴儿的双腿皮肤的纹路出现不对称的情形，那就很可能出现了长短脚。另外，注意观察婴儿的髋关节在走路时是否能顺利张开、有无发出声响。如果有这种情形，很可能是有先天性的问题，比如先天性髋关节脱位。检查出有异常情况，一定要马上就医。

## 657. 10个月婴儿学走路时家长要注意什么？

刚开始学走路时，婴儿有强烈的好奇心，喜欢四处探索新事物，因此一定要格外留意婴儿的安全问题，避免碰撞、跌倒或滑倒等。为了能给婴儿提供一个安全的行走空间，家长要对家中环境进行彻底的检查和处理，将可能发生的意外几率降到最低。将地面收拾的干净整洁的同时，要将电线、杂物等放到隐蔽处，以免婴儿被绊倒。要注意家中的摆设是否有尖锐处或棱角，如果不能收起来的物品，则要在尖锐部位加装软垫。在家中地面比较滑的位置可以加装地垫或软垫，避免行走过程中婴儿的摔伤。如果家中地面不够平整，婴儿可能会出现重心不稳而跌倒，因此家长一定要检查地面，消除高低不平的情况。将家中容易破碎或损坏的贵重物品收起来，以免婴儿被吸引去碰撞物品而受伤。

## 658. 如何给学步的婴儿挑选合适的鞋子？

一般来说，穿鞋子除了美观之外，最重要的功能是保护婴儿的脚。婴儿的脚长得快，特别是会站会走以后，选择一双大小合适的鞋子就非常重要了。因为婴儿还小，即使鞋子穿着不舒服也无法用语言告诉家长，所以家长需要知道如何为婴儿选择合适的鞋袜有利于婴儿小脚的生长发育。尺寸：婴儿的脚趾碰到鞋尖，脚后跟可塞进家长一根手指为宜。面料：布面、布底制成的童鞋既舒适又透气，不要给婴儿穿人造革鞋、塑料底的童鞋，容易滑倒摔跤还不透气。鞋面：鞋面要柔软，最好是光面，不带有任何装饰，以免婴儿行走时被牵绊。鞋帮：刚学走路的婴儿，穿的鞋子一定要轻，鞋帮要高一些，最好可以护住脚踝。鞋底：鞋底要富有弹性，用手可以弯曲，鞋底要防滑，并不可以太厚。

## 659. 家长如何教10个月的婴儿学走路？

一般在10个月后，婴儿经过扶栏的站立已能扶着床栏横步走了。在婴儿初学走路时，为防止摔倒，家长应选择活动范围大、地面平、没有障碍物的地方学步。如冬季在室内学步，要特别注意避开煤炉、暖气片和室内锐利有棱角的物品，防止发生意外。初学时家长可拉住婴儿的双手或单手让他学迈步，也可在婴儿的后方扶住腋下或用学步带拉着，让他向前走。锻炼一个时期后，婴儿慢慢就能开始独立地尝试，家长可站在其面前，鼓励他向前走。开始的时候婴儿可能会步态蹒跚，向前倾着，跌跌撞撞扑向你的怀中，收不住脚，这是很正常的表现，因为重心还没有掌握好。渐渐地，熟能生巧，就会越走越稳了。

## 660. 10个月婴儿眼睛进入异物应如何处理?

婴儿眼睛会因异物进入而产生不适感，多数婴儿会用手去揉眼睛，因此造成了更大的伤害。所以当婴儿因眼睛进入"脏东西"而去揉眼时，一定要制止他这个动作，准备一杯纯净水或矿泉水，用汤匙盛水给婴儿冲洗眼睛，也可将婴儿的头部倾向进入异物的眼睛那一侧（如左眼进入异物则向左倾斜），慢慢用水冲洗眼睛。待不适缓解，可试着闭起眼睛让泪水流出，借此让异物随泪水自然流出。

## 661. 10个月婴儿耳朵进入异物应如何处理?

如果是小昆虫进入耳朵内，可滴入橄榄油、甘油、麻油等，油质液体可驱使小昆虫爬出。也可用手电筒、日光灯等照明用品，往耳朵内照射以驱使蚊虫爬出。如果是其他硬物进入耳朵，则千万不要勉强用尖锐物掏挖耳朵，这样做除了可避免将其推入耳内外，更可防止伤害到耳膜。

## 662. 为什么敲敲打打可以发展婴儿的智力？

10个月的婴儿，要了解各种各样的物体，了解物体与物体之间的相互关系，了解他的动作所能产生的结果。通过敲打不同的物体，使他指导这样做就能产生

图10-9　10个月玩玩具敲打

图10-10　10个月打鼓

不同的声响，而且用力强弱不同，产生音响效果也不同。比如：用木块敲打桌子，就会发出啪啪的声音；敲打铁制品则发出当当的声音，一手拿一块对着敲，声音似乎更为奇妙。婴儿很快就学会选择敲打物品，学会控制敲打的力量，发展了动作的协调性。节奏感强的音乐可用于开发婴儿智力。每天让婴儿接触打击乐，可使婴儿有节奏感的运动，同时能有效地刺激婴儿智力的发育。打击乐可增强婴儿的控制能力，让婴儿随着音乐拍打自己的身体部位，有助于婴儿建立并发展发散性思维，不会说话的婴儿也懂得借助音乐表达自己的思想，如用"叮咚"表达闹钟报时，用"砰"表达关门等。每天适当地让婴儿接触打击乐，能有效增进婴儿对节奏感的认识和协调能力，促进婴儿在体能、情感等方面的发育。（见

图 10-9，图 10-10 ）

## 663. 如何训练 10 个月婴儿的跳跃能力？

跳跃可以锻炼婴儿的握力、牵拉力、自控力和前庭器官的平衡能力。跳跃是婴儿成长过程中必不可少的一个重要环节，它有助于婴儿很多方面的发展，可以使婴儿的性格变得更活泼，更喜欢表现自己，并且在学习舞蹈等身体语言时，婴儿会学得很快、很协调。训练的方法，家长可以坐在椅子上，双手托住婴儿的腋下，让婴儿在家长的双腿上跳；家长也可以站在床边，让婴儿握住家长的食指，家长的拇指反抓住婴儿的手背，让婴儿在床上跳，注意婴儿起跳时，家长双手用力使婴儿跳离床面；家长可以手拿一个小球或婴儿喜欢的其他玩具，在婴儿稍微抬脚就可以够着的位置逗引他，然后扶住婴儿鼓励他双脚向上跳去够小球或玩具，随着婴儿蹦跳能力的提高，可以逐渐增加游戏的难度，把玩具拿的再高一些让他去够取。

# 11 个月

## 664. 11个月婴儿体格发育的正常值应该是多少?

体重:男婴平均9.4千克,女婴平均8.7千克。身长:男婴平均74.5厘米,女婴平均72.8厘米。头围:男婴平均46.3厘米,女婴平均45.2厘米。牙齿数:正常范围4～6颗左右。

## 665. 11个月婴儿智能应发育到什么水平?

大运动:扶物,蹲下取物,独站片刻。精细动作:打开包积木的纸。适应能力:积木放入杯中,模仿推玩具小车。语言能力:有意识地发一个字音。社交行为:懂得"不",模仿拍娃娃。

## 666. 11个月婴儿的视觉应发育到什么程度?

11个月的婴儿看的能力已经很强了,从这个月开始,可以让婴儿在图画书上开始认图、认物、正确叫出图物的名称。

## 667. 11个月婴儿的听觉应发育到什么程度?

11个月的婴儿尽管能够使用的语言还很少,但令人吃惊的是他们能够理解家长说的很多话。如问婴儿"电灯呢?"他会用手指灯;问他"眼睛呢?"他会用手指自己的眼睛,或眨眨自己的眼睛;听到家长说"再见",他会摆手表示再见；听到"欢迎"、"欢迎"的声音，他也会拍手。

## 668. 11个月婴儿喂养中应注意什么？

11个月婴儿仍应每天早晚两次喂奶，总量为500～600毫升。三餐饭。婴儿出生后是以乳类为主食，经过近1年的时间逐渐过渡到以谷类为主食。此时期婴儿可以吃软饭、面条、小包子、小饺子。每天三餐应变换花样，促进婴儿食欲。

## 669. 11个月婴儿的日常养护要点有哪些？

11个月婴儿家长在日常看护中应让其多练习独站、手足爬行。搭积木、滚皮球、用棍子够玩具。听数数、随音乐或歌谣做动作表演。探究物体构造，了解因果关系。初步理解词的概括作用，学押韵、学翻书、讲画书、找图片。尤其是在日常生活中要注意防止跌落，以免摔伤。

## 670. 如何培养11个月婴儿良好的睡眠习惯？

11个月的婴儿应有规律地安排他的睡和醒的时间，这是保证良好睡眠的基本方法。所以，必须让婴儿按时睡觉，按时起床，睡前不要让婴儿吃的过饱，不要玩得太兴奋，睡觉时不要蒙头睡，也不要抱着摇晃着入睡，要让婴儿养成良好的自然入睡的习惯。

## 671. 为什么11个月的婴儿不建议穿开裆裤?

首先在寒冷的冬天，婴儿身上虽然包裹的很严实，但是臀部露在外面，容易使婴儿受凉感冒。其次婴儿穿开裆裤坐在地上，地面上的灰尘和细菌直接接触到皮肤，甚至在室外环境地面上还有蚂蚁及昆虫，都可以引起皮疹或瘙痒，会造成婴儿的不适感。因此，不建议11个月的婴儿穿开裆裤。

## 672. 如何培养11个月的婴儿定时排小便的习惯?

培养婴儿定时排尿的习惯，应从婴儿满月开始。排尿习惯是一种条件反射，家长先要细心观察婴儿的排尿时间，把尿时嘴里可发出"嘘嘘"的声音，这是一种信号，即条件刺激。这样多次反复之后，一旦发出这个声音，婴儿就知道要排尿了。当婴儿自己会坐以后，可以训练坐便盆，并用语言作为条件刺激，使之形成习惯。一个习惯的养成，一定要逐渐培养，做家长要耐心，不要几次不成功就放弃。另外，要培养婴儿夜里少排尿的习惯，临睡前尽量不喂水，要喂饱奶，临睡前尿一次，使婴儿慢慢习惯夜里不尿或少尿。

## 673. 如何培养11个月的婴儿定时排大便的习惯?

训练排大便时，先要知道婴儿大便的规律，大便前婴儿可能会"吭吭"、脸红、瞪眼、凝神等，如发现这种现象就立即"把"他。方法同把尿一样，家长可发出"嗯嗯"的声音，最好每天能固定一个时间来做，这样可逐渐形成条件反射，使婴儿养成到时间就大便的好习惯，1周岁左右的婴儿，可以开始坐便盆。便盆不能太凉，否则会产生不良刺激，不要养成坐便盆吃东西的坏习惯。良好的排便习惯，不但有利于卫生，而且还能使消化系统的活动规律化，有利于婴儿的生长发育。

## 674. 11个月的婴儿发生大便干燥时在家怎么处理？

大便干燥的婴儿平时应注意多饮温开水，多吃蔬菜和水果。另外，要训练婴儿养成定时排便的习惯，多加强运动，按摩腹部，促进肠道蠕动，有利于排便。如果婴儿已经3天以上没有大便，而且哭闹、烦躁，家长可以用肥皂条或"开塞露"塞入婴儿肛门，然后刺激排便。但是，这些方法不要常用，不要养成靠药物排便的习惯，如上述效果不佳，须到医院就诊。

## 675. 11个月的婴儿如何预防疾病的传播？

此月龄的婴儿应避免接触刺激性气味及烟雾，对于空气重度污染的地区房间内可以使用空气过滤器，以减少空气中杂质、灰尘对婴儿的伤害。照顾婴儿的家人，或者家中有人感冒时，应该尽量避免与婴儿"亲密接触"，在传染病高发季节，要尽量减少出入公共场所及人流密集的地方，避免呼吸道直接感染及接触传播。在天气变化温差较大的季节，应注意为婴儿及时添减衣服，以减少呼吸道疾病的发生。

## 676. 11个月的婴儿如何发现大便不正常？

不同颜色的异常大便，常可提示不同的疾病：蛋花汤样大便，黄色，水分多而粪质少，常常提示病毒性肠炎和致病性大肠杆菌性肠炎；海水样大便，腥臭，黏液较多，有片状夹膜，常为金黄色葡萄球菌性肠炎；赤豆汤样大便，提示坏死性小肠炎；果酱样大便，多见于肠套叠；脓血便，有鼻涕样黏液和血相混合，见于细菌性痢疾；豆腐渣样大便，常见于长期应用抗生素和肾上腺皮质激素的婴儿，为继发真菌感染；白陶土样大便，大便呈灰白色，说明胆道阻塞，使胆汁不能流入肠道所致。

## 677. 11个月婴儿能做的大运动动作有哪些？

爬越障碍：此时婴儿具有熟练的爬行技能和极强的攀高欲望，一刻不停地"攀上爬下"，应创造条件和婴儿开展爬越障碍物的游戏。学会踢球：让婴儿扶着床栏、凳子、沙发等，可在距离婴儿脚3～5厘米处放个球让他踢，逐渐锻炼独立、主动、准确地踢球，锻炼大脑的平衡能力，增加身体活动的灵活性，促进眼、足、脑的协调发展，建立"球形物体"能滚动的形象思维。学站和走：独立行走是婴儿发育的一个重要里程碑，开始时，安排一些可扶或可靠的家具，让他练习扶行，也可让婴儿推着椅子练习走。独站的练习可先让婴儿靠墙独站或扶站时逐渐离开支撑物，独站片刻。加强婴儿对周围环境的探索能力和活动范围，促进婴儿独行能力的成熟。

**678. 11个月婴儿能做的精细动作有哪些？**

将书打开又合上：用书本讲故事，懂得将书打开又合上。在翻书中培养婴儿的专注力，培养婴儿喜欢读书、爱学习的性格。乱涂乱画：家长先扶着婴儿的手学握笔画画，然后模仿家长拿笔和画画的动作自己乱画，教婴儿学画的本领。在玩玩具中学习：一种玩具有不同玩法，如一个小皮球，可以教婴儿丢球、抛球、滚球、投球和拍球等玩法。婴儿稍大后，还可以教他数球、分辨球形、认颜色和踢球等。"小套筒"玩具，是婴儿爱玩又有意义的玩具，从大到小有很多层，而每一层的颜色都不相同。教婴儿打开套筒，再把他们一个个套起来；或将套筒叠起来；或将小的放进大的套筒内；还可教婴儿认哪个大哪个小，数数和辨认颜色等，在玩玩具中提高婴儿的认知能力。模仿玩：家长要有意识地和婴儿玩，不断增加游戏的复杂性、多样性和趣味性，如玩叠木块、打开和盖好盒盖、相互滚球、扔球、够玩具等。使婴儿的动作更加灵活，并观察到事物之间的联系。

**679. 如何训练11个月婴儿的适应能力？**

指说动物特点部分：带婴儿到动物园或用动物画书，说出各种动物的特点，如小白兔的长耳朵、大象的长鼻子等。父母除了告知图中的物名外，还要让婴儿注意事物的特点，提高婴儿的分析和理解能力。分辨大和小：将婴儿喜欢的大的和小的的食物放在桌上，告诉婴儿，"这是大的"、"这是小的"。用口令让他拿大的和小的，婴儿很快就能学会分辨大和小。再用玩具和日常用品让婴儿复习，以巩固大和小的概念。玩大小积木时，玩"大的在下，小的在上"和"小的在前，大的在后"等游戏，培养婴儿对比概念、分辨能力和方向感。

## 680. 11个月婴儿的语言能力如何锻炼？

念儿歌、唐诗：根据婴儿的兴趣，给婴儿念押韵的儿歌、唐诗，不在乎婴儿记住多少，而在于激起他的兴趣，建立韵律感知觉。用一个音表示：婴儿经常用一个音表示他的各种意思和要求，要鼓励婴儿说出来，还要诱导婴儿联想、比较。比如婴儿说"球"时，你可把各种颜色大小的球一个一个拿出来，告诉婴儿这是"红球"、那是"绿球"等，或这是"大球"、那是"小球"等。学会听故事：家长每天要给婴儿讲故事，讲的图书应以画为主，每页上只有2～3句简单的话。开始可以反复讲同一本书，让婴儿听熟后指图回答，逐渐引导婴儿理解故事的内容，激发婴儿的兴趣，发展语言理解能力。主动发字音：婴儿进入初学说话的阶段，除模仿家长说话，开始有自己的字音，但这仍然不是正式说话，只是用声音表达字的意义，此时要多与婴儿进行语言交流，耐心教婴儿正确发音。生活中的每一个活动尽量都用词语来表达，使婴儿逐步学会理解和应用更多词语。

## 681. 11个月婴儿可以玩什么游戏?

可以让宝贝坐小木马或小火车，锻炼婴儿手的抓握能力和手臂的肌肉，加强婴儿的自我保护能力，锻炼婴儿的前庭能力和平衡感；经常给婴儿听节奏明快的婴儿音乐或给他念押韵的儿歌，让他随声点头、拍手，也可用手扶着他的两只胳膊，左右摇身，多次重复后，他能随音乐的节奏做简单的动作。婴儿互动游戏：找出相同玩具，让婴儿与小伙伴、家长一起玩，培养婴儿愉快的情绪，学会的婴儿如在一起各拉各的玩具学走，能互相模仿，互不侵犯，加快独走的进程。学会与人分享。(见图11-1，图11-2)

图11-1　11个月坐小木马

图11-2　11个月坐小火车

## 682. 11个月婴儿最适宜的亲子运动是什么?

拉大锯:家长和婴儿面对面坐位,家长握住婴儿的小手,向前和向后拉动,熟练之后可以向左或向右摇动。游戏的目的是锻炼婴儿脖颈、手臂和背部力量,为婴儿以后有良好的姿势做准备。小手搭搭和拆拆:给婴儿准备一个套塔,在婴儿面前演示如何将积木取下再搭成塔,然后让婴儿来模仿进行搭塔和拆塔。游戏的目的是锻炼精细动作发育,促进手眼协调的发育及了解因果关系。

## 683. 家长应如何给11个月的婴儿添加鱼肉?

鱼肉营养丰富是众所周知的,婴儿多吃鱼能变聪明是被广泛证明了的事实。可是鱼的种类繁多,婴儿的肠胃又很脆弱,所以鱼类从品种的选择就很重要,淡水鱼、海水鱼应该说各有利弊,海水鱼中的DHA含量高,对提高记忆力和思考能力都非常重要,但油脂含量也较高,个别婴儿的消化功能发育不完善,容易引起腹泻等不良症状。淡水鱼油脂含量较少,优质蛋白质含量较高,易于消化吸收,但是,淡水鱼通常刺较细小,难以剔除干净,容易卡着婴儿,一般情况下,不鼓励1岁下的婴儿食用。因此,带鱼、黄花鱼和三文鱼非常适合婴儿,鲈鱼和鳗鱼也可以是家长不错的选择。具体的烹调方法:将鱼肉剁细,加蛋清、盐调成茸。锅内添水烧开,将鱼茸挤成丸子,逐个下锅煮熟,再加入少许的盐调味即可。

给婴儿做鱼时可加入蔬菜作为配菜，增加口感的同时均衡营养，但口味不要过重，避免辛辣刺激、过咸等重口味的调味剂。

## 684. 家长应如何训练11个月的婴儿自己吃饭？

11个月的婴儿，有了很强的想自己吃饭的愿望，具体表现为：婴儿吃饭的时候喜欢手里抓着饭；当勺子里的饭快掉下来的时候，婴儿就会主动去舔勺子等，这个时候，家长就应该训练婴儿自己吃饭了，学习正确的用餐，除了婴儿自己要有所准备，家庭环境的营造也同等重要。首先，婴儿学习使用餐具是一个循序渐进的过程，家长一定要有耐心，婴儿是通过不断的尝试，一次次的把食物撒出，从而慢慢地的熟练这个进食动作。其次，建议家长一开始训练时就要布置好环境，为婴儿准备好餐椅和餐具，并替他带好围嘴，以免弄脏衣服。再次，为婴儿准备的餐具，最好色彩鲜艳，以增强婴儿的进食兴趣。明快鲜艳的颜色会直接刺激婴儿的视觉器官，婴儿餐具大部分采用卡通图案的设计，这样可以使婴儿产生愉快的心情。（见图11-3，图11-4）

图11-3　11个月独立吃饭　　　　图11-4　11个月使用左手

**685.** 11个月的婴儿自己吃饭要经过哪些过程?

　　11个月的婴儿家长就要开始教导他自己动手吃饭了，训练婴儿良好的饮食习惯越早越好，如果让婴儿养成依赖心理后就来不及了。婴儿自己吃饭第一个阶段就是手抓，家长平时要教婴儿用拇指和食指拿东西。给婴儿做一些能够用手拿着吃的东西或一些切成条和片的蔬菜。第二阶段就是使用汤匙，如果婴儿对汤匙产生兴趣，甚至会伸手想要抢家长手中的汤匙的时候，家长就应该试着让婴儿自己使用，以免错过最佳培训时期。第三个阶段是使用碗，针对这个月龄的婴儿，家长就可以准备底部宽大的轻质碗让婴儿试着使用了，因为婴儿力气小，所以装在碗里的东西不要超过1/3，家长可以在旁边协助。第四阶段就是使用杯子，在训练婴儿使用杯子的时候，应该先让婴儿双手扶在杯子1/3的位置，再小心端起，以避免内容物洒出来。第五阶段是使用筷子，对于婴儿而言，筷子的使用较为困难，属于精细动作，建议家长等婴儿2岁后再尝试练习。

## 686. 11个月婴儿睡觉爱踢被子怎么办？

婴儿夜里睡觉时喜欢踢被子，家长担心婴儿容易受凉，也睡不安稳。家长可以在婴儿的睡眠环境中检查一下，是否存在这些"不安定"因素：

（1）被子：有的家长因为担心婴儿着凉而给婴儿盖过重过厚的被子，结果婴儿睡得闷热、出汗，自然会不自觉地把被子踢开来透透风。

（2）睡衣："给婴儿穿多些，就是踢了被子也不容易受凉"这样的做法并不好。正确的做法是给婴儿穿透气、吸汗的棉质内衣睡觉。

（3）睡姿：如果婴儿睡觉喜欢把头蒙在被子里，或将手压在胸前，就很可能会因过热或做噩梦而把被子踢掉。

（4）盖被方法：在为婴儿盖被子的时候，不妨让他露出小脚丫，这样可以使他感觉比较舒服。如果他觉得凉的话，他会自己把脚缩回去。

（5）睡眠环境：晚饭不要让婴儿吃的过饱，入睡前，不要让婴儿做剧烈的活动，也不要把他逗得很兴奋。

## 687. 11个月的婴儿睡软床好还是睡硬床好？

随着人们生活水平的提高，家具不断更新换代，木板床渐渐被舒适、造型美观的沙发软床或弹簧床等代替。家长为了让婴儿睡得好、睡得舒服，往往会挑选类似沙发床或弹簧床那样松软的床给婴儿，还有家长为婴儿定制更软的婴儿床，在床上铺上更软的垫子，认为婴儿会很舒服，其实这样是不利于婴儿的生长发育的。因为婴幼儿脊柱的骨质较软，周围的肌肉、韧带也很柔软，由于臀部重量较大，平卧时可能会造成胸曲、腰曲减少，侧卧可导致脊柱侧弯，婴儿不论是平卧或侧卧，脊柱都处于不正常的弯曲状态，弹性差的床，会使翻身困难，导致身体某一部位受压迫，久而久之会形成驼背、漏斗胸等畸形，不仅影响婴儿的体型美，更重要的是妨碍内脏器官的正常发育，对婴儿的危害极大。

## 688. 11个月的婴儿鼻塞怎么处理?

冬季是呼吸道感染的高发季节，婴儿经常会出现鼻塞、咳嗽、发热等不适，让婴儿难受不已。家长可以抱着婴儿，让婴儿呈仰卧位，把专用滴鼻液滴进婴儿的鼻腔，从而让鼻腔内的黏液逐渐松解。家长可以帮助婴儿按摩鼻梁，用双手的食指按摩婴儿的鼻梁两侧，直至有热感为止，以改善婴儿鼻塞的症状。

## 689. 11个月的婴儿不肯洗脸怎么办?

婴儿不愿意洗脸应该有他自己的原因，或因为怕黑，或是因为水弄到眼睛里了，或是影响了他的呼吸，或是闻到了肥皂的气味，因此，把握婴儿的心理是很重要的，如婴儿喜欢表扬的话，如婴儿喜欢自己洗，对待不喜欢洗脸的婴儿，家长也要用一些小技巧。为了引起婴儿对洗脸的兴趣，家长可以让他自己挑选洗脸用品，让他有充分的自主权，为他选择无泪的婴儿香皂，以免引起不适。家长可以尝试和婴儿一起洗脸，把洗脸和游戏结合起来，引起婴儿的兴趣。也可以给婴儿最喜欢的玩具娃娃或小动物玩具洗脸，可以一边给娃娃洗脸，一边给婴儿洗脸，慢慢地让婴儿喜欢上洗脸。要多鼓励和表扬婴儿在洗脸过程中的配合表现，在多次主动配合洗脸后可以适当地奖励一个他喜欢的玩具或者喜欢的食物。

## 690. 11个月的婴儿游泳时要注意什么？

游泳是非常适合婴幼儿的一项运动。经常让婴儿嬉水和游泳，能增进婴儿的食欲和提高婴儿的睡眠质量，有利于体格的发育，并可显著减少疾病的发生。为确保婴儿的游泳安全和身体健康，家长要掌握一些必要的注意事项：

（1）在游泳前，婴儿要经过体格检查，尤其是曾患过某些疾病的婴儿，必须经过医生的认可，方可参加游泳。

（2）游泳通常在婴儿吃饱后半小时到1小时左右进行。

（3）游泳的水温要在36℃～38℃，月龄越小水温越高一些，但最高不超过39℃，不鼓励新生儿游泳。

（4）婴儿游泳要在专业的游泳池内进行，婴儿入水时有一个适应的过程，千万不可直接放入水中，避免惊吓婴儿。

（5）在婴儿游泳的时候，看护人员不能离开婴儿半臂的距离，以免意外的发生。

（6）在每次游泳前，应做好器材的准备，注意泳圈的型号和婴儿是否匹配。

（7）游泳最多每星期两次，每次15分钟左右即可。

### 691. 家长如何训练11个月的婴儿用杯子喝水？

教婴儿喝水这件事看似简单，实行起来却令很多家长为难。要让习惯用奶瓶的婴儿学会使用杯子，确实没有想象中的简单。如果婴儿出现了看见家长喝水、自己也学着家长用杯子喝水的行为时，就可以考虑让婴儿尝试使用没有吸管的学习杯练习喝水了。具体方式是家长协助婴儿握紧杯子，慢慢将杯子里的水倒入婴儿口中，一开始婴儿还无法很好的控制力量，可能会弄湿全身，所以要给婴儿穿好防水的围兜，并且要提醒他慢慢喝。当婴儿练习成功后，记得及时鼓励他并逐渐增加杯子内的盛水量。

### 692. 11个月婴儿如何从饮食方面提升他的免疫力？

11个月的婴儿由于辅食添加品种多样，其免疫系统又尚未发育成熟，很容易受外界病菌感染，导致婴儿体内有益菌减少，出现食欲不振、消化吸收功能下降、反复生病等情况。家长应从饮食上多加注意。

（1）给婴儿多喝白开水，婴儿的体表面积相对于体重来说，比成人更高，水分蒸发流失多，更需要补充水分。因此，家长每天至少给婴儿喂3次白开水，每次在50～100毫升，夏季或者天气干燥时还要相应增加。

（2）乳制品是婴儿的最佳营养来源，婴儿期是身体及脑神经快速发育期，对蛋白质及钙质的需求量相当高，所以乳类制品仍然是此期最佳的营养来源。

（3）蔬菜和水果一样不能少，家长要多给婴儿选择一些富含维生素和矿物质的蔬菜水果，如番茄、胡萝卜、橘子、猕猴桃等，能够起到增加婴儿免疫力的作用，补充富含矿物质的食物，如莲藕、大白菜等，能够增强婴儿自身的产热功能，使婴儿更耐寒。

（4）五谷类是人类的主食，婴儿同样需要，全谷类含胚芽和多糖，维生素B和维生素E都很丰富，这些抗氧化剂能增强免疫力，加强免疫细胞的功能。

（5）避免婴儿偏食，偏食容易导致营养失调，只有均衡、优质的营养，才能造就婴儿优质的免疫力。

### 693. 11个月婴儿如何从日常起居提升他的免疫力？

婴儿穿衣服较多本身就容易出汗，再加上常出去运动，就更爱出汗，风一吹很容易感冒。但穿太少了也不行，穿得少血液循环变慢，身体抵抗力会变弱，也容易感冒，所以家长要时刻注意根据温度变化为婴儿增减衣服。晚上睡觉前适当给婴儿泡泡脚，能够促进血液循环，提高睡眠质量。这个月龄的婴儿，早晨就可以用凉水洗脸了，这样可以提升婴儿的耐寒能力，增强机体的抵抗力。不论是冬天还是夏天，都要记得白天将婴儿的房间窗户打开通风半小时，保持房间内空气新鲜，也免于婴儿受细菌的侵害。即使是在冬天，也不要长期让婴儿呆在室内，否则呼吸道长期得不到外界空气的刺激，反而容易患病。在传染病高发的季节，就不要带婴儿去人群密集的场所，可以去人员密度小的公园或广场活动。如果婴儿发生了便秘的情况，按摩的手法是以婴儿的肚脐为中心，手掌由左向右旋转轻轻摩擦婴儿的腹部，10圈休息5分钟，再按摩10圈，反复进行3次。家长可以经常给婴儿做操练习其身体的柔韧性和力量，具体方式是：婴儿保持仰卧，家长抓住婴儿双腿做屈伸运动，伸一下屈一下，共10次，然后单腿屈伸10次。可在洗完澡或天气暖和的时候、两餐之间进行。

## 694. 家长为什么应该经常逗乐婴儿？

对婴儿来说，玩的意义远远不只是"有趣"，婴儿通过玩耍可以学会很多东西。玩耍可以促使婴儿使用身体的各个部位和感官，丰富想象力，开发智力。现在拿给婴儿的玩具与将来他五六岁时给他的教具有同样价值。家长经常逗乐的婴儿在长大后多数会性格活泼开朗，拥有乐观稳定的情绪，这是非常有利于发展人际交往能力的，会使婴儿乐于探索，好奇心比较强。会让婴儿学到更多的知识，就更有利于婴儿的智力发展。反之，如果不常常逗婴儿玩耍，不给婴儿丰富的适度刺激的话，婴儿的脑袋里就会一片空白。因此，千万不要低估逗婴儿玩耍的教育意义，更不要以忙为借口逃避和婴儿一起玩耍。

## 695. 11个月的婴儿为什么总是扔东西?

这个月龄的婴儿总是会扔起东西来很认真，他好像是在有目的地完成一项任务，把东西拿起来，又一脸严肃地扔出去，要是你把扔出去的东西捡回来，他继续扔的劲头就更高了，一遍又一遍。婴儿对自己的进步表现得很得意，不管家长生气或者愤怒，他都会是一幅开心的样子。扔东西这种行为当然不好，但是家长大可不必着急，这是婴儿成长的必经阶段，是在他有了抓、握物体的能力以后的最初操纵事物的过程，他要从中探索事情的因果关系。他通过抛、扔不同质地的玩具，如毛绒玩具、皮球、积木等，能够逐渐地尝试去区别各种不同物体的性质。考虑到他是在练"本领"，所以不必训斥他，但是也要注意避免扔坏东西或者打伤人。在这个时期给婴儿准备玩具时，要注意挑选不怕摔的如毛绒玩具、充气的小皮球等有弹性的玩具，使婴儿与这些安全的玩具共度美好时光。如果婴儿在扔玩具的时候，家长在一旁不停地拾起玩具，他会认为是家长对他的鼓励，在与他一起共同进行娱乐活动。

## 696. 11个月婴儿如何提高自我意识?

婴儿的自我意识是可以在家长的教育中得到提升的，例如婴儿要玩布娃娃，不想玩汽车玩具，于是家长做出了妥协，满足他喜欢玩布娃娃的想法，这就有助于提升他的自我意识。因为，这时家长向他传达了信息，他的意愿很重要，家长在支持他的选择。再例如婴儿要从家长对他的积极回应中获得自我肯定。婴儿捡起物品并放好，家长应该轻拍他的手表示鼓励，很多时候，妈妈应对婴儿说一些鼓励的话，可以提高婴儿的自我意识。

## 697. 怎么教11个月的婴儿和小朋友打招呼？

多让婴儿与小朋友在一起是有很大好处的，婴儿们在一起不会有陌生感，可以相互学习动作和发音，有时还会有意想不到的"创造性"表现出来。让婴儿与其他同龄的婴儿在一起玩玩具，让婴儿主动地与小朋友打招呼。见到小朋友会表现微笑、点头、招手、尖叫、摇晃身体等。开始时家长可以先示范，然后扶着婴儿的手做打招呼的动作，并且说"嗨"、"欢迎欢迎"，让婴儿模仿。如果婴儿不会同小朋友打招呼，主要是因为没有机会同小朋友接触。当婴儿开始学站立或牵手学走时最好到附近有小朋友的地方，看看会走的婴儿玩耍，这会增强婴儿的交往意识。

## 698. 怎么培养11个月婴儿的爱心？

婴幼儿期是人各种心理品质形成的关键时期，爱心的形成也是在婴幼儿时期。因此培养婴儿的爱心，要从婴儿很小的时候抓起。对待11个月的婴儿，家长要经常爱抚他，对他微笑，让婴儿感受到家长对他的爱，这是婴儿萌生爱心的起点。随着婴儿一天天长大，家长要把自己看成是婴儿的伙伴，陪婴儿游戏、聊天、学习，让婴儿感受到家庭的温暖，感受到被爱的幸福，为婴儿奉献爱心打下基础。但是，家长也不能一味地疼爱婴儿，却忽略了给婴儿提供奉献爱心的机会。其实施爱与接受是相互的，如果让婴儿只是接受爱，渐渐地，他们就丧失了施爱的能力，只知道索取，不知道给予，并且觉得家长关心他是理所应当的。有的家长以为给婴儿多点爱心和疼爱，等他长大了，他就会孝敬家长。其实，这是一种误解，如果没有给婴儿学习关爱的机会，他将在这一部分存在缺失。当然，作为家长平时也要注意自己的言行举止，做到孝敬老人、关爱他人、乐于助人，让婴儿觉得父母是富有爱心的人，自己也要做一个富有爱心的人。

# 12 个月

## 699. 12个月婴儿体格发育的正常值应该是多少?

体重:男婴平均9.6千克,女婴平均8.9千克。身长:男婴平均75.7厘米,女婴平均74.0厘米。头围:男婴平均46.5厘米,女婴平均45.0厘米。牙齿数:正常范围4~6颗左右。

## 700. 12个月婴儿智能应发育到什么水平?

大运动:独自站稳10秒以上,牵一只手可以走,扶着家具站起、坐下,独走几步。精细动作:把小球投入小瓶,把书打开、合上,打开包积木的纸,用蜡笔在纸上涂完,用食指指向自己所需要的东西。适应能力:盖瓶盖,搭积木1~2块,拉绳取物,会指身体的2~3个部位。语言能力:叫妈妈、爸爸有所指;要东西知道给;会说2~3个字;听名称指动物图片及拿玩具各3种;说莫名奇妙的话。社交行为:穿衣知道配合,模仿手或脸的动作与表情(如拍手、再见、闭眼),喜欢寻找藏着的玩具,对亲人表示依恋。

## 701. 12个月婴儿的视觉应发育到什么程度?

12个月的婴儿随着月龄的增长,婴儿能够有意识地注意某一件事情,而小一些的婴儿则主要是非意识注意。有意识地集中注意力,使婴儿的学习能力大大提高。注意力是婴儿认识世界的第一道大门,是感知、记忆、学习和思维不可缺少的先决条件。婴儿的注意力也需要家长的后天培养。

## 702. 12个月婴儿的听觉应发育到什么程度?

12个月的婴儿已经能够理解家长的许多话,而且对于家长说话的声调和语气也发生了兴趣。这时的婴儿已经开始能说很多话,并且很喜欢开口,喜欢和别人交谈。不过婴儿发音还不太准确,常常会说一些让人莫名其妙的语言,或用一些手势或姿势来表示自己的意图。

## 703. 12个月的婴儿智能发育障碍的危险信号有哪些?

12个月的婴儿还不会自己爬,不会用拇指、食指配合捏取物品,不会伸出食指,不会用食指指认人和物,也不会做抠、挖的动作,不能理解语言内容,上述都是婴儿智能发育障碍的危险信号。

## 704. 12个月婴儿喂养中应注意什么?

1岁左右的婴儿,以一日三餐为主,早、晚牛奶为辅,奶量每天500毫升左右,慢慢过渡到完全断奶,一般1 ~ 2岁断奶。以三餐为主之后,要注意保证婴儿辅食的质量。如肉泥、蛋黄、肝泥、豆腐等含有丰富的蛋白质,是婴儿生长发育必需的食品,而米粥、面条等主食是婴儿补充热量的来源,蔬菜可以补充维生素、矿物质和纤维素,促进新陈代谢及消化吸收。婴儿的主食主要有：米粥、软饭、面片、面条、馄饨、豆包、小饺子、馒头、面包等，水果、蔬菜合理搭配，膳食均衡。

## 705. 12个月婴儿怎么能激发起对食物的兴趣？

这个年龄段的婴儿已会挑选他自己喜欢吃的食物了，这时的婴儿很容易养成挑食、偏食的习惯，如偏爱甜食，吃肉、鱼，不吃蔬菜等。长期挑食、偏食，容易造成营养失调，影响婴儿正常生长发育和身体健康。婴儿一般习惯于吃熟悉的食物，因此在婴儿开始出现偏食现象时不必急躁、紧张和责骂，应采用多种方法引起婴儿对各种食物的兴趣，当婴儿不吃某种食物时，应耐心诱导，既不应勉强进食，也不要轻易妥协，当婴儿有所进步时要及时表扬和鼓励。

## 706. 12个月婴儿建立良好的饮食习惯父母应如何做？

父母的饮食习惯对婴儿的影响非常大，所以父母要为婴儿作出榜样，不要在婴儿面前议论哪种菜好吃，哪种菜不好吃；不要说自己爱吃什么，不爱吃什么；更不能因为自己不喜欢吃某种食物，就不让婴儿吃，或不做、少做。为了婴儿的健康，父母应改变和调整自己的饮食习惯，努力让婴儿吃到各种各样的菜，以保证婴儿生长发育所需的营养素。

## 707. 12个月婴儿家长要如何为他们准备正餐?

为12个月婴儿准备正餐的时候要注意烹调方法多样化,每餐菜的种类不一定多,2～3种即可,但要尽量使婴儿吃到各种的食物,要经常变换食物的花样;对婴儿不喜欢的食物,可在烹调上下功夫,如婴儿不吃胡萝卜,可把胡萝卜掺在他喜欢的肉内,做成丸子或做成饺子馅逐渐让婴儿适应。也要注意食物品种的丰富多彩,让婴儿尝试各种各样的食物,享受味道的丰富多彩。对偏爱甜食的婴儿,避免在两餐之间给甜食,以免影响正餐。

## 708. 12个月婴儿出现断奶综合征的表现有哪些?

传统的方式往往是当决定给婴儿断奶时,就突然终止哺喂,或者采取母亲与婴儿隔离几天等方式。如果此时在婴儿断奶后没有给予正确的喂养,婴儿需要的蛋白质没有得到足量供应,长此以往,往往造成婴儿的蛋白质缺乏,可出现婴儿成长停顿,表情淡漠,头发由黑变棕,由棕变红,兴奋性增加,容易哭闹,哭声不响亮、细弱无力,腹泻等症状。这种婴儿脂肪并不少,看上去营养还可以,并不消瘦,但皮肤常有水肿,有时还可见到皮肤色素沉着和脱屑,有的婴儿因为皮肤干燥而形成特殊的裂纹鳞状皮肤,检查可发现肝脏肿大。这些都是由于断奶不当引起的不良现象,医学上称为"断奶综合征"。

### 709. 12个月婴儿日常养护的要点有哪些？

12个月婴儿家长在日常看护的过程中要训练婴儿手里抓着东西蹒跚学步；学涂画、认"红色"，竖起食指表示自己"1岁"，听指令拿东西2～3种；用点头、摇头表达自己的意见；按时到医院进行常规体检。

### 710. 12个月婴儿如何培养良好的活动规律？

此阶段的婴儿主要活动是3件大事：睡觉、吃、玩。睡眠方面，婴儿一昼夜要睡10小时左右，白天2次，上、下午各1次，每次1小时左右。饮食1天3次，两餐之间间隔3～4小时。在婴儿的活动中，每日应有2小时以上的户外活动时间，可根据婴儿的具体特点作出相应调整。

### 711. 12个月婴儿不会爬行就先走路怎么处理？

有一些婴儿从来不会用上下肢爬，他们会采用诸如臀部贴地、双肘撑持向前挪动或腹部贴地移动的方式，只要婴儿学会协调身体的两侧，等同地使用上下肢，就没有必要担忧。也有的婴儿不会爬行就会走路了，此时，也没有必要强迫婴儿学习爬行技能。但如果婴儿姿势异常、不对撑，动作不协调，运动技能明显落后，则有必要进一步评估有无发育的问题。

## 712. 12个月婴儿夜间迟迟不入睡怎么办?

12个月的婴儿夜间不易入睡,家长应白天给婴儿安排好合理的、有益的活动,让婴儿的精力得以释放,并保持身心的愉快,夜间入睡自然就容易了。安排好规律的睡眠时间,包括合理的午睡,并确定上床时间。建立固定的睡眠规律,包括入睡前给婴儿洗脸洗脚、放音乐等,避免睡前过于激烈和兴奋的活动。开始时,上床时间不宜过早,避免婴儿在床上玩耍。让婴儿在上床后20分钟内入睡。以后可逐步提前上床时间,直至建立一个适宜婴儿的睡眠时间日程。一般晚上9时入睡比较适宜。让婴儿自己入睡,有些婴儿需要一些安慰物,如抱熊等婴儿喜欢的玩具,以缓解婴儿的焦虑和不安全心理,当婴儿不能入睡或哭闹时,坚持不要让婴儿起来,可以抚摸婴儿,坚定而温和地告诉婴儿现在该是睡觉而不是玩的时候,引导婴儿逐渐安静下来并入睡。对于婴儿睡眠行为上的进步,早上要及时表扬和鼓励。给婴儿一个放松、良好的睡眠环境,房间要舒适、空气流通,光线要暗。被子太厚、太热、床太软,均会影响婴儿的睡眠。去除房间内分散注意力的物品(如电视机、电话、游戏机等),也不要将卧室作为惩罚婴儿的场所。

## 713. 12个月婴儿可以不可以掏"耳屎"?

"耵聍"俗称为耳屎,是由耳道内的耵聍分泌出来的一种浅黄色的片状物，存在于外耳道，有保护耳朵的作用，我们常看到婴儿趴在妈妈身上，妈妈用发卡或挖耳勺等给婴儿挖耳内的耵聍，这是极不妥当的。如果用力不当，不仅会伤及外耳道，还有可能伤到鼓膜。不仅家长不要给婴儿掏耳屎，也要告诉婴儿，掏耳朵是危险的。如果由于耳朵内进水或其他原因使耵聍变硬，并引起疼痛，就需要到耳鼻喉专科就诊。

### 714. 12个月婴儿独自练习用勺子吃饭有什么重要性？

当婴儿7、8个月坐的好并能吃一些固体食物时，可试着让他用手拿着食物吃，如饼干、磨牙饼、苹果片等，鼓励婴儿自己用手拿食物吃。若八九个月的婴儿能自如地用手拿食物吃后，可以教他学着自己用勺吃饭。开始练习用汤匙取饭菜时，可能会将饭菜洒在桌椅上及婴儿衣服上，这时最好给婴儿准备一些无毒塑料碗碟，每次取少量饭菜放在婴儿的碟子里供他练习，减少遗洒。通过练习，婴儿在12个月左右就会用勺子吃饭了。鼓励婴儿自己进餐不仅强化了婴儿对食物的认知，并吸引婴儿对进餐的兴趣，而且可以锻炼手眼协调能力、生活自理能力，培养自信心。

### 715. 12个月的婴儿特别爱扔东西家长应怎么办？

当婴儿不停地尝试向地上扔东西时，家长不要误以为这是婴儿在故意找麻烦，其实这只是婴儿在体验"控制"给他带来的快乐，这时家长如果有时间陪婴儿玩可以找到各种不同材质的物品，让婴儿观察这些东西掉到地上以后的不同反应，这是帮助婴儿认识事物的好游戏；如果家长不想继续，就平静地告诉婴儿不要把东西扔到地上，并在扔到地上时在婴儿面前将玩具捡起并收起来，坚持几次后婴儿就明白扔了东西就不能再玩了，或者干脆抱婴儿坐到地上让他自己扔了再捡起。相反，如果家长这时发怒，讲道理或反应过于强烈，都会引起婴儿的兴趣，让他更加有兴趣将这个有趣的游戏进行下去。

### 716. 婴儿几个月可以在食物中加入少量的盐?

8个月的婴儿肾脏功能还不完善，浓缩功能较差，不能排出血中过量的钠盐。12个月后，随着婴儿肾脏排泄功能的增强，可在食物中加少量盐。但婴儿的饮食仍应以清淡为宜，因为摄入盐过多将增加肾脏的负担，并养成婴儿喜食过咸食物的习惯，长期下去可能增加成年后患高血压的风险。

### 717. 为什么吃甜食多婴儿容易患龋齿?

吃甜食是婴儿的天性，很多婴儿都会贪吃甜食或喝有甜味的水，甜食中所含的糖尤其是蔗糖正是细菌产酸的主要来源，当酸累积到一定程度即可溶解牙齿的硬组织，我们称之为"脱矿"，而口腔中的唾液总是在清洗着牙齿表面，中和牙表面的酸，唾液中的钙和磷等物质会帮助牙齿表面恢复原来的状态，即"再矿化"，如果"脱矿"大于"再矿化"，就会

得龋齿也就是"蛀牙"了。

**718.** **12个月的婴儿出现咬人的行为家长应怎么办?**

这一年龄段的婴儿有时会出现咬人的行为,分析其中的原因,咬人最初可能源于婴儿在长牙过程中的不适感,而咬人以后成人的反应也让婴儿感到有兴趣,使婴儿有兴趣重复这一行为。处理方法:如果咬人发生在哺乳时,妈妈就应平静而严肃地告诉婴儿"不可以咬妈妈"并立即停止哺乳,同时注意哺乳时发现婴儿不好好吃奶而开始玩耍时即停止哺乳。如果婴儿在玩耍时出现咬人行为同样应立即阻止并告诉婴儿"不能咬人",态度同样要严肃坚定,并且让婴儿暂时离开自己的怀抱或立即停止与婴儿正在进行的游戏。另外,给婴儿一些磨牙的食物或玩具来缓解婴儿口腔不适感也会有些帮助。在这里有几点重要的提示:首先要态度坚定,不可有任何与婴儿商量的余地,而且语气要尽量平淡,不要让婴儿误以为这是游戏,其次所有的家庭成员的态度要保持一致,再次不要只在婴儿咬人时才关注他。如果婴儿出现"打人"的行为,处理原则与"咬人"一致,打人行为常常是婴儿敲打玩具的延伸或对于他人行为的模仿,所以家长平时要注意不要在婴儿面前做出打人的示范。

**719.** **12个月婴儿经常摇头、拍头,家长应怎么办?**

这一行为常常引起家长的紧张和焦虑,而家长过度的关注反而使得婴儿这一行为更加频繁。只要婴儿表现得轻松愉快，家长就不必过度紧张，有时要适当忽略婴儿这样的行为，或者用其他有趣的游戏来转移婴儿的注意力，过一段时间当婴儿觉得这样的行为不能给自己足够的快乐时，就会自动放弃了。不论怎样，如果婴儿摇头、拍头的行为使家长感到特别焦虑，那么就可到心理行为门诊就诊。

## 720. 12个月婴儿厌食症的原因及表现是什么？怎样处理？

厌食症是指较长时期的食欲减退或消失，是由于多种因素的作用，使消化功能及其调节受到影响而导致厌食。主要原因是不良的饮食习惯、家长的喂养方式不当、饮食结构不合理、气候过热、温度过高、患胃肠道疾病或全身器质性疾病、服用某些药物等。患儿由于长期饮食习惯不良，导致较长时间食欲减退，甚至拒食。表现为精神、体力欠佳，疲乏无力，面色苍白，体重逐渐减轻，皮下脂肪逐渐消失，肌肉松弛，头发干枯，抵抗力差，易患各种感染。处理的方法包括调节饮食，纠正不良的偏食、吃零食习惯，禁止饭前吃零食和糖果，定时进餐，建立正常生活制度和良好习惯，纠正家长对婴儿饮食不正确的态度，合理喂养，针对婴儿的口味变换饭菜花样。患消化道疾病或全身性疾病者应及时就医。

### 721. 12个月婴儿异食癖的表现是什么？怎样处理？

婴儿的异食癖常喜食煤渣、土块、墙泥、砂石、肥皂、纸张、火柴、纽扣、毛发以及金属玩具或床栏上的油漆等。对较小的物品能吞食下去，较大的物品则舔吮或放在口中咀嚼。他们不听从家长的劝阻，常躲着家长暗暗吞食。表现为食欲减退、疲乏、腹痛、呕吐、面黄肌瘦、便秘和营养不良等。婴儿异食癖可能与下列因素相关：不良习惯、缺乏铁、锌等微量元素、肠道内存在寄生虫等，应加以心理治疗，对于铁、锌等微量元素缺乏者或存在肠道寄生虫的患儿，需立即到医院就诊，在医生指导下进行治疗。

### 722. 12个月婴儿肥胖对身体的危害有哪些？

首先，是对发育不利，肥胖的婴儿比正常的婴儿学会走路的时间要稍晚一些，而且容易患扁平足、髋内翻及膝外翻或内翻等，常常伴有动作笨拙、气促、易疲倦等现象，结果越胖越不爱活动，越不爱活动身体就越胖，造成"恶性循环"。有的肥胖的婴儿还因体态特殊，受到小朋友的讥笑，而出现心理问题，如不合群、性格孤僻等。其次，容易患某些疾病，肥胖的婴儿易患呼吸道感染，若长期肥胖，还可导致尿糖、血清胰岛素、血清胆固醇等的增高，引起高血压、糖尿病等。

### 723. 为什么家长要关注婴儿期的体重情况?

婴儿期脂肪细胞数目增加,还是成年以后发胖的基础,许多成年肥胖者,追根求源,往往在婴儿期就是个肥胖的婴儿。在婴儿时期的肥胖者,成年后高血液与心血管疾病的发病率比正常体重的人明显增高。为此,应注意了解婴儿的体重情况,及时调整婴儿的饮食,并增加活动量,减轻或避免肥胖的发生。

### 724. 12个月婴儿为什么要定期做五官检查?

定期对婴儿进行体检可以早期发现婴儿在生长发育过程中出现的问题,及时进行干预。眼、耳、口腔的定期检查不仅必要,而且直接关系到婴儿的生活质量。定期听力检查可以早期发现先天或后天性耳聋,及时进行听力语言康复,以免错过最佳治疗时机。一些眼部异常可通过定期检查及时发现,如先天性白内障和白瞳症等眼部疾病,斜视、弱视和屈光不正等,均可通过定期检查发现并尽早矫治。婴儿乳牙患龋率很高,如不及时治疗可能影响恒牙的生长,导致牙列不齐,甚至可能引起其他疾病。

### 725. 12个月婴儿能做的大运动动作有哪些?

学跳:让婴儿双手扶床沿、沙发站稳,做轻轻跳的动作,婴儿借助双手的支撑力量，模仿着用双脚跳动，以锻炼婴儿身体的平衡能力。独走：训练婴儿能够稳定地独自站立，再练习独自行走。开始可在父母之间学走，再到独自走几步，以后逐渐增加距离，拖拉玩具可以增加学走的兴趣。[见图12-1（a），图12-1（b）]

（a）　　　　　　　　（b）

图12-1　12个月练习走路

## 726. 12个月婴儿能做的精细动作有哪些？

画画，学习握笔试画：家长在纸上画画做示范，然后握住婴儿的手一起画，再放手让婴儿自己画，体会握笔画的感觉。手的动作：和婴儿玩多种玩具，加强手的动作练习，如用积木接火车，搭高楼，可搭2～5块积木。自己用杯子喝水，用勺子吃饭，和同伴相互滚球或扔球玩，打开盒盖或瓶盖从中取东西等。翻书：拿有彩图的婴儿书，边讲边帮助他翻看着，最后让他独立翻书。婴儿开始时可能分不清顺序，要通过认识简单图形逐渐加以纠正。随着空间知觉的发展，婴儿自然会调整过来。

## 727. 12个月的婴儿可以玩什么游戏?

鲜艳的色彩、家长操作玩具发出的声音，能够引发孩子直觉动作思维，产生"够物"的欲望。由于"够物"的思维产生，促使孩子上下肢的活动和手脚的活动，锻炼了肌肉的伸展和收缩；也练习了孩子四肢活动的协调性和手脚的精细动作，还锻炼了孩子的听觉、视觉定向能力和认识能力。

## 728. 12个月婴儿的语言能力如何锻炼?

12个月的婴儿要多练习主动发音，婴儿能有意识地叫"爸爸"、"妈妈"以后，还要引导他有意识地发出一个字音，来表示一个特定的动作或意思，如"走"、"坐"、"拿"、"要"等，从而能表达自己的愿望。与成人进行简单的语言对话，叫他能答应。切不可婴儿一举手，你就把索要物递给他，这样他就会停顿在动作语言期而不开口说话，造成语言发展滞后。指图回答问题，在父母用图画故事书为婴儿讲故事时，当母亲问"谁在吃胡萝卜"时，婴儿会指着兔子回答。当父母再看书看报时，婴儿也会很像样地拿起故事书，咿咿呀呀地自己讲故事。

## 729. 怎么与12个月的婴儿进行语言游戏?

要多给婴儿一些模仿说话的机会,每天要给他朗读1～2个优美的童话故事、儿歌或诗歌,也可放些儿歌或讲故事的录音给他听。此外,当家长和他接触时,如帮助穿衣、吃饭等,不能静默,一定要与他说话,词语必须简要。如你说到新词时,一定要用婴儿理解的手势,去强调新词的含义,并像做游戏一样不厌其烦地重复这些新词。

## 730. 为什么建议家长每天睡前给婴儿念故事?

睡觉前给婴儿念一个短小有趣的故事,婴儿常常很快就能记住。他往往是机械的模式记忆,无意识记忆,如果念错了,婴儿会马上睁眼,表示"你念错了"。他会说话时,他便会立即反驳说:"不对"。

## 731. 如何增强12个月婴儿的社交行为能力?

平行游戏:在培养婴儿同龄小伙伴玩时,可以让每人手里拿着同样的玩具,在互相看得见处各玩各的玩具;与小伙伴玩可引起表情和动作及表示意义的声音呼应,使婴儿感受有伙伴的快乐,人际关系中的相互帮助和分享玩具的概念会由此而建立。配合能力:训练婴儿能配合家长日常生活并养成良好的生活习惯,如吃东西前会伸手让人洗手,吃完后会配合擦手洗脸、以及控制自己大小便等。用动作表达愿望：训练婴儿会用点头表示同意，用摇头表示不同意。每次给婴儿食物时，先让他点头表示同意，然后再给他。

**732.** 12个月婴儿最适宜的亲子运动有哪些？

钻呼啦圈：家长为婴儿准备呼啦圈等环形器械，鼓励婴儿钻过呼啦圈。游戏的目的在于促进婴儿的空间感发育，练习上、下肢协调配合。搭搭乐：为婴儿准备4～6个彩色套杯，然后鼓励婴儿用这些大小颜色不一的套杯来搭成高楼。这个游戏的目的在于促进婴儿手眼协调，增强空间意识的方位感。

**733.** 12个月婴儿各类营养需要量是多少？

12个月婴儿的饮食安排，必须根据此时期的营养需要极其胃肠消化吸收功能及营养素利用率而定。1岁的婴儿生长发育迅速，比年长儿童和成人快，故对营养素的需求相对较多，如能量需要量已达到每日5020KJ，约为其母亲的一半，蛋白质需要量每日40～50g（动物蛋白质仍应占50%）已超过成人一半以上，脂肪需要量约为每日35～40g，矿物质及维生素需要量也为成人一半以上。

**734.** 12个月以内的婴儿要少吃或不吃的食物有哪些？

蛋清：鸡蛋清中的蛋白分子较小，有时通过肠壁进入婴儿血液中，使婴儿机体对异体蛋白分子产生过敏反应，可导致荨麻疹、湿疹等疾病。有毛的水果：表面有绒毛的水果中有大量的大分子物质，婴儿胃肠道无法消化这些物质，如水蜜桃、猕猴桃等。功能饮料：功能饮料中大都含有电解质，会导致婴儿肝、肾及心脏承受不了，加大婴儿心律不齐的几率，或者是肝肾的损害。蜂蜜：虽然属于天然食品，但是因无法消毒，其中可能含有肉毒杆菌，会引起婴儿严重的腹泻或便秘。矿泉水：婴儿消化系统发育尚不完全，滤过性差，矿泉水中含矿物质较多，容易造成肾脏负担。含有大量草酸的蔬菜：菠菜、韭菜、苋菜等蔬菜含有大量草酸，在人体内不易吸收，并且会影响食物中钙的吸收，可导致婴儿骨骼、牙齿发育不良。

## 735. 12个月的婴儿应该断奶吗？

到了12个月的婴儿，应和成人一样形成一日三餐的饮食规律，并需要在上午和下午给他加两次水果点心的小零食，另外不论是母乳还是配方奶还是要满足婴儿的需求量的。家长要帮助婴儿饮食由乳类为主向以固体食物为主的转变，而不是断掉乳类食品。即使母乳完全断掉的婴儿，也要通过配方奶及各种乳制品来获取优质蛋白质，这不仅仅是在婴儿期，即使长大以后，成人也应该适当的补充牛奶（或吃一些乳制品），实现"终生不断奶"的营养目标。

## 736. 怎么做好12个月婴儿的饮食调养?

12个月的婴儿,因为饮食结构发生很大的变化,所以家长要注意科学喂养。对于母乳喂养的婴儿妈妈可在早起后、午睡前给婴儿哺乳,但要尽量避免夜间喂奶,注意保持婴儿的口腔卫生,也要注意不在三餐前后喂奶,以免影响婴儿的食欲。选择食物也很重要,食物的营养应全面和充分,除了瘦肉、蛋、鱼、豆浆外,还要有蔬菜和水果。随着季节吃时令蔬菜水果比较好,但是柿子、黑枣不宜给婴儿食用。婴儿的饮食应变换花样,巧妙搭配,烹调要合适。要求食物最好色香味俱全,并易于消化,在满足婴儿的营养的同时也要适应其消化能力,从而激发食欲。婴儿吃饭还要定时定量,一日三餐可与家长时间同步,注意上下午的加餐要适量精细。在饮食上因为婴儿的味觉不能适应刺激性的食物,如辣椒、芥末、冰激凌之类的,对其消化系统也很难接受,所以辛辣刺激的食物都不要给婴儿食用。

## 737. 12个月的婴儿吃什么食物可以锻炼咀嚼能力?

12个月的婴儿所添加的固体食物可以适当增加硬度了,从而帮助锻炼婴儿的咀嚼能力,促进口腔肌肉的发育,为以后吃各类成人食物打好基础。这时的婴儿还不能吃成人的饭菜,像软饭、烂菜、水果、小肉肠、碎肉、面条、馄饨、小饺子、小蛋糕、饼干、燕麦粥等食物,都可以喂给婴儿。在这一阶段主食将慢慢从粥过渡为软饭，烂面条过渡到包子、饺子、馒头片等固体食物。水果和蔬菜不需要再剁碎或磨碎，只要切薄片或细丝就可以，肉或鱼可以撕成小片给婴儿。水果类的食物可以稍硬一些，蔬菜、肉类、主食还是要软一点。

## 738. 什么情况下婴儿要补充益生菌？

对人体有益的细菌被称为益生菌，它可以促进体内菌群的平衡，从而让身体更健康，特别是婴儿出现如下几种情况家长应注意：

（1）婴儿在服用了抗生素时，尤其是广谱的抗生素不能识别有害菌和有益菌，所以在杀死"敌人"时往往把有益菌也杀死了，这时就需要补充点益生菌。

（2）对于消化不良、牛奶不适应证、急慢性腹泻、大便干燥及吸收功能不好引起营养不良时，都可以给婴儿补充益生菌。

（3）非母乳喂养的婴儿不能从妈妈那里得到足够的益生菌，可能出现体质弱、食欲不振、大便干燥等现象，也可以适量补充益生菌。

（4）对于免疫力低下或者需要增强免疫力时，补充益生菌能够有备无患。

（5）带婴儿出行或旅游时，如果婴儿肠胃不舒服，服用后能够有效缓解。